国家自然科学基金项目(51604091)资助

河南省高等学校青年骨干教师项目(2017GGJS153)资助

河南省科技创新团队项目(16IRTSTHN013)资助

河南省高等学校重点科研项目(17A440002、18A440010)资助

河南工程学院博士基金项目(D2015025、D2017001)资助

河南省科技攻关计划项目(182102310723,182102310743)资助

高压水载荷下煤体变形特性及瓦斯渗流规律

田坤云 著

中国矿业大学出版社

内 容 提 要

本书设计并改装了高压水载荷下瓦斯渗流实验装置;分析了两种典型原煤煤样试件的破裂过程、水压临界条件以及高压水加载前后的瓦斯渗流规律;采用该试验装置得出压裂过程中煤样试件的裂隙起裂、延展与加载轴压、围压的关系;设计了穿层钻孔的压裂方案,并在两个煤矿进行了现场试验考察;提出了对松软煤层的坚硬顶板进行压裂以达到对该煤层卸压增透的目的,现场结果表明"松软煤层顶板致裂"能大幅增加松软煤层的渗透率,大大提高瓦斯抽放效果。

图书在版编目(C I P)数据

高压水载荷下煤体变形特性及瓦斯渗流规律/田坤
云著. —徐州:中国矿业大学出版社,2018.3
　　ISBN 978 - 7 - 5646 - 3923 - 5

　　Ⅰ. ①高… Ⅱ. ①田… Ⅲ. ①承压水－作用－矿层－
瓦斯渗透－研究 Ⅳ. ①TD712

中国版本图书馆 CIP 数据核字(2018)第045971号

书　　名	高压水载荷下煤体变形特性及瓦斯渗流规律
著　　者	田坤云
责任编辑	杨　洋
出版发行	中国矿业大学出版社有限责任公司
	(江苏省徐州市解放南路　邮编 221008)
营销热线	(0516)83885307　83884995
出版服务	(0516)83885767　83884920
网　　址	http://www.cumtp.com　E-mail:cumtpvip@cumtp.com
印　　刷	江苏凤凰数码印务有限公司
开　　本	787×1092　1/16　**印张** 11.75　**字数** 300 千字
版次印次	2018 年 3 月第 1 版　2018 年 3 月第 1 次印刷
定　　价	45.00 元

(图书出现印装质量问题,本社负责调换)

前　言

瓦斯灾害是煤矿的主要灾害之一,是重特大瓦斯事故的最大杀手,煤矿开采(掘进)之前进行充分抽采是有效降低瓦斯事故的最根本措施。而我国煤与瓦斯突出及高瓦斯矿井所开采煤层的透气性系数都特别低,95%以上属于低透气性煤层,比美国相比,其透气性系数至少低2~3个数量级,透气性系数只有 10^{-3} ~ 10^{-4} mD,即 0.04~0.004 $m^2/(MPa^2 \cdot d)$,属难以抽采煤层。且随着开采深度每年以 10~12 m 的速度递增,突出矿井的数量也呈增加趋势。因此,瓦斯抽采最大的瓶颈就是煤层增透,水力压裂作为一项卸压增透措施在许多煤矿中得到了广泛应用,其效果与煤体在高压水作用下自身的物理、力学响应特征密切相关。为了有效提高"卸压增透"的成功率,最大程度地降低煤层瓦斯压力和瓦斯含量,在实验室进行水力压裂实验具有很大的意义。

在前人研究的基础上,本书设计与改装了高压水载荷下瓦斯渗流实验装置;采用"二次成型法"成功制取了松软易破碎煤体的原煤样试件;对两种典型原煤煤样试件高压水载荷下的破裂过程及压裂前后的渗透率进行了实验研究,分析了两种原煤煤样试件(原生结构煤及构造软煤)的水压致裂过程、水压临界条件(试件起裂压力及完全破裂压力)以及高压水加载前后的瓦斯渗流规律;采用该装置模拟得出压裂过程中煤样试件的裂隙发展、延展与加载轴压、围压的关系;设计了钻孔压裂方案并在淮北矿业(集团)有限责任公司临焕煤矿和义煤集团新安煤矿进行了现场试验研究,采用压裂后钻孔的瓦斯自然流量、衰减系数、瓦斯抽采浓度及瓦斯流量考察了压裂效果。现场试验结果表明,穿层钻孔压裂对松软煤层而言卸压增透效果甚微,甚至高压水抑制瓦斯的运移,成为了瓦斯解吸的阻力。针对这一问题提出了对松软煤层的顶板压裂以达到对该煤层卸压增透的目的,结果表明"松软煤层顶板致裂"能大幅增加松软煤层的渗透率,大大提高瓦斯抽放效果。

本书主要研究内容包括如下几方面:

(1)针对现有的瓦斯渗流实验设备不能进行高压水加载这一缺陷,设计与改装了"高压水载荷下瓦斯渗流实验装置",该装置由煤样试件密封系统(夹持器)、三轴应力加载及伺服控制系统、模拟钻孔与水力压裂控制系统、瓦斯气体接入系统、气体流量采集系统、自动监测与数据采集分析系统等六个部分组成;该设备能够在实验室模拟煤样试件的水力压裂过程同时考察其压裂增透效果——渗透率变化。

(2)型煤的加工过程中,煤样原有的孔隙及裂隙结构遭到了破坏,甚至煤样的原有裂隙会由于型煤成型过程中的压实而消失,因而型煤与原煤在结构特征上存在很大差异,很难真实反映煤体的实际特征。在瓦斯渗透性实验研究中,型煤只能研究其大致的变化规律;在煤样试件高压水载荷下的压裂实验中,型煤也不能相对较真实地反映压裂的效果,为了更加精确地反映不同煤体的瓦斯渗透规律及压裂过程前后渗透率的变化规律,应采用更能真实反映煤体特征的原煤煤样作为研究对象。针对松软易破碎煤体原煤煤样较难制作这一难题,本书研究并提出了原煤煤样制作的"二次成型"法。

(3)利用自行设计、改装的高压水载荷下煤样瓦斯渗流实验装置对不同矿井的两种典型原煤煤样在高压水、变轴压及围压综合作用下的破裂过程进行了模拟实验,得出了两种原煤煤样的裂隙产生、扩张、衍生及发展随水压加载时间的变化规律;同时考察了两种煤样的起裂压力与所受载轴压、围压的关系,即煤样破裂的水压临界条件(包括煤样的起裂压力与完全破裂压力);考察了两种原煤煤样在高压水加载前后的渗透特性变化规律,比较了煤样试件在水压加载前与水压加载后渗透率的大小变化并分析了影响渗透率变化的因素。

(4)从煤层的裂隙特征及其力学性质着手,分析了煤层裂隙对水力压裂的控制并对高压注水时煤层的起裂过程进行了探讨;综合分析了注水钻孔周围的应力状态,并对压裂时垂直裂缝与水平裂缝的起裂判据进行了定量计算,给出了垂直与水平裂缝的起裂压力计算公式;分析了两种主要类型裂缝的延展方向,指出水力压裂时,裂缝总是沿煤层最大主应力的方向扩展和延伸,并定量计算了裂缝扩展所需的最小注水压力;使用自行设计、改装的高压水载荷下三轴应力渗流装置对轴压、围压变化条件下煤体试件裂缝生成和延展进行了实验,进一步验证了压裂裂缝总是沿着最大主应力的方向扩展和延伸这一观点。

(5)编制了压裂钻孔的压裂方案并在临焕煤矿和新安煤矿进行了现场试验,包括压裂孔的设计、压裂设备的安装调试以及压裂钻孔的施工,重点突出了压裂孔的封孔工艺——带压封孔、压裂的工作程序以及压裂后的安全防护措施;对裂钻孔进行现场压裂后,提出了压裂效果的考核指标,包括自然瓦斯流量、瓦斯流量衰减系数、钻孔抽采流量及浓度,并使用瞬变电磁仪考察了水力压裂的影响半径;通过现场效果考察,得出软煤层施工钻孔进行水力压裂增透是不可行的,在工程实践中验证了"硬煤可压、软煤不可压"的结论;针对软煤不可压这一定论,提出了转移压裂对象即采取"坚硬顶板压裂"来解决松软煤层卸压增透的这一难题,并且从理论上对"坚硬顶板压裂"的卸压增透机理进行了分析。

作　者
2017 年 12 月

目　　录

1 绪论 ……………………………………………………………………… 1
　1.1 课题提出的意义 …………………………………………………… 1
　1.2 国内外研究现状及存在问题 ……………………………………… 3
　1.3 研究内容及研究方法 ……………………………………………… 8
　1.4 技术路线 …………………………………………………………… 9
　1.5 创新点 ……………………………………………………………… 11

2 高压水载荷下瓦斯渗流实验装置的设计与改装 …………………… 12
　2.1 功能用途简介和理论基础 ………………………………………… 12
　2.2 实验装置的系统组成 ……………………………………………… 13
　2.3 实验装置的各部分简介 …………………………………………… 15
　2.4 本章小结 …………………………………………………………… 23

3 目标矿区确定及原煤煤样的制作 …………………………………… 25
　3.1 煤体的结构类型 …………………………………………………… 25
　3.2 目标矿区和煤层的确定 …………………………………………… 26
　3.3 煤体原始煤样采集及试件制作 …………………………………… 34
　3.4 本章小结 …………………………………………………………… 40

4 高压水作用下煤体破裂过程及瓦斯渗流特性实验研究 …………… 41
　4.1 实验方案及步骤 …………………………………………………… 41
　4.2 水压加载前煤样渗透特性实验 …………………………………… 46
　4.3 高压水载荷下不同类型煤体的破碎过程 ………………………… 48
　4.4 高压水载荷前后煤样渗透率变化规律 …………………………… 57
　4.5 本章小结 …………………………………………………………… 61

5 高压水与应力综合作用下煤体变形与破坏特征研究 ……………… 63
　5.1 煤层赋存特征及水压致裂机理 …………………………………… 63
　5.2 压裂过程中煤体起裂与延展特征 ………………………………… 69
　5.3 轴压、围压变化条件下煤体裂缝生成和延展实验 ……………… 73
　5.4 本章小结 …………………………………………………………… 76

6 **煤岩体水力压裂工艺与施工组织** ································· 78

　6.1　压裂方式选择 ··· 78

　6.2　压裂前施工参数确定 ··································· 80

　6.3　压裂组织与实施 ······································· 81

　6.4　安全防护措施 ··· 83

7 **顶板水力压裂卸压增透机理与技术工艺** ················· 85

　7.1　顶板水力压裂卸压增透机理 ····················· 85

　7.2　顶板水力压裂治理瓦斯技术方案 ················· 94

　7.3　顶板水力压裂设备选型与配套 ··················· 97

8 **顶板水力压裂技术在临涣煤矿的应用** ················· 102

　8.1　矿井及试验区域瓦斯地质概况 ·················· 102

　8.2　压裂方案设计 ·· 105

　8.3　压裂实施 ··· 117

　8.4　压裂效果考察 ·· 122

　8.5　本章小结 ··· 134

9 **顶板水力压裂技术在新安矿的应用** ··················· 136

　9.1　矿井概况 ··· 136

　9.2　14170 工作面试验情况 ···························· 138

　9.3　14200 工作面试验情况 ···························· 147

　9.4　14230 工作面试验情况 ···························· 160

　9.5　本章小结 ··· 165

10 **结论与展望** ··· 167

　10.1　主要结论 ··· 167

　10.2　展望 ··· 167

参考文献 ··· 169

1 绪 论

1.1 课题提出的意义

目前我国能源消费结构中,煤炭占有十分重要的地位,国民经济的增长及社会的发展及煤炭资源的开发和利用紧密联系。新中国成立60多年来,煤炭在所有一次能源消耗中所占的比例一直一维持在70%左右,在我国的能源结构中一直遥遥领先,具有不容忽视的作用。我国能源结构的特点是"富煤、贫油、少气(天然气)",而且业内有关专家预测,今后相当长的一段时期,煤炭在我国能源消耗结构中仍然会占据最主要的地位。有关资料显示,到21世纪20年代,国内煤炭消费占一次能源消耗的比例大约63%,即使到21世纪中期,煤炭所占的比例仍将在50%以上[1-2]。

不断增大的煤炭需求量导致我国绝大部分的矿井已经进入了深度开采,有关资料显示,目前我国煤矿开采的深度平均已经达到540 m,并且开采深度在不断往下延伸,且延伸速度较快(平均10~12 m),开采历史较长矿井的开采深度已经下延至800 m左右,并且目前开采深度超过1 000 m的矿井已经出现(已有二十多对)。煤矿采掘强度越来越大,与此同时,煤炭的安全、高效、绿色生产受瓦斯问题制约的严重性越来越明显[3-4]。煤矿井下常见的瓦斯灾害主要包括:瓦斯(CH_4)爆炸、煤与瓦斯(CH_4或者CO_2)突出、瓦斯(CH_4)燃烧以及瓦斯窒息。其中,煤与瓦斯突出一直是困扰煤矿安全生产的头等难题。对煤层进行瓦斯抽放可以在很大程度上降低煤层原始瓦斯含量与压力,进而能减小甚至消除各种瓦斯灾害的潜在威胁,保证煤矿安全、高效生产。

同时,瓦斯是一种洁净能源,其主要成分是甲烷(CH_4),在我国的储量非常丰富,总储量达30×10^{12}~35×10^{12} m^3,甲烷的发热量一般为37.25 MJ/m^3[5-9],对其进行合理地开发利用,有利于能源结构的改善,同时抽采瓦斯还能改善煤矿的安全条件,充分利用瓦斯也是解决大气污染、实施环境保护的重要举措[10]。近年来,我国瓦斯开发利用和瓦斯减排也对瓦斯抽采提出了更高的技术要求。但是有关资料显示,在对所有进行瓦斯抽放的矿井进行统计后发现,我国本煤层的平均瓦斯抽采率在10%以下,而其他先进国家的平均抽采率则为30%。因此在瓦斯抽采方面我们还有很大的差距。其客观原因是:我国煤与瓦斯突出及高瓦斯矿井所开采煤层的透气性系数都特别低,95%以上属于低透气性煤层,与美国相比,其透气性系数至少低2~3个数量级[11-12],透气性系数只有10^{-3}~10^{-4} mD,即0.04~0.004 $m^2/(MPa^2 \cdot d)$,属难以抽采煤层[13-15]。且随着开采深度每年以10~12 m的速度递增,突出矿井的数量也呈增加趋势,特别是在河南的平顶山、焦作、鹤壁、郑州、义马及天府、松藻、淮南、徐州等矿区,煤与瓦斯突出灾害已成为制约煤矿安全生产的头等难题。

防治煤与瓦斯突出技术措施包括区域防突与局部防突。区域防突又主要包括开采保护层和煤层瓦斯预抽两种[16]。区域防突中的开采保护层技术措施能有效地增加被保护层内瓦斯的释放量,从而大大降低了被保护层的突出危险性,是效果较好的技术措施。但是,目前很多突出矿井具有开采价值的煤层只有一个,保护层开采的条件不具备,这种情况下对煤层瓦斯进行抽放便成了防治瓦斯灾害的最根本措施。通过对煤层瓦斯抽放,可以在采掘作业进行前很大程度上将煤层的原始瓦斯含量(瓦斯压力)较大幅度降低,进而大大减小甚至消除煤与瓦斯突出发生的可能性,同时矿井开采期间其瓦斯涌出量也会减少。但是,随着煤矿开采深度的不断增加,煤层瓦斯渗透率则呈明显降低趋势,这在很大程度上制约了煤层瓦斯预抽的效果。

因此,如何增加煤体的瓦斯渗透性,有效提高其瓦斯抽采率,是当前煤矿瓦斯灾害治理工程的关键,同时也是亟待解决的科学难题[17]。

为使低透气性煤层的瓦斯抽放效果得到大幅提高,目前采取的主要措施包括增加钻孔的布置密度、延长瓦斯的抽采时间。除此之外,必须对煤层采取各种形式的"增透技术"使煤层内部的原有裂隙网络互相沟通或使新的裂隙网络产生,大幅提高煤体内部裂隙的密度及范围,进而提高煤层的透气性系数,最终使得煤层瓦斯抽采效果明显提高[18]。根据国内外试验研究情况,现阶段煤层增透的主要技术方法有:突出煤层深钻孔、深孔预裂爆破、水力压裂增透、高压水射流扩孔增透、水力割缝增透等[19-20]。其中,通过实施高压水力压裂对煤(岩)层进行"卸压增透"已经作为一项主要措施被广泛应用于煤矿瓦斯灾害治理工作中,并在一定的地质和开采条件下取得了比较明显的效果[21-24]。

水力压裂的原理是将大量高压液体注入压裂对象内部,迫使其破裂形成垂直或平行压裂对象的裂缝;还可在高压液体中加入支撑剂,使支撑剂充满裂隙以防止压裂过程新生的裂缝重新闭合[25-27]。水力压裂技术首先被应用在石油工业中并取得了非常显著的增透效果,使得采油量提高百分之几十甚至几十倍。因此,近年来国内外都在尝试将水力压裂技术应用于高瓦斯、低透气性本煤层的卸压增透和瓦斯抽放中。然而,尽管针对煤体和油层进行水力压裂的原理是相同的,但通常由于煤层结构复杂、煤质酥松、压裂的方向不能很好地得到控制、高压液体中的支撑剂易于镶嵌入煤体内,且高压液体进入煤体后不易排除等诸多不利因素的存在,因而在技术和实际操作工艺上比油层的压裂更加复杂。现场大量试验研究表明,不同矿区、不同煤层、不同地质条件下水力压裂的效果差别很大。效果好的条件下,水力压裂后煤层透气性系数可成百上千倍地提高,效果差的其瓦斯渗透性则几乎没有任何变化或变化微乎其微[28-29]。

煤炭科学研究总院沈阳分院先后在湖南、阳泉和抚顺等地区进行了大量的水力压裂煤体现场实践,多数钻孔效果不理想,只有少数钻孔效果较好;河南省煤层气开发利用有限公司以河南省多个矿区的高瓦斯低透气煤层为研究对象,应用井下定向压裂增透成套技术,在平顶山、鹤壁、焦作等矿区开展了130多次的现场实验。应用结果表明,该技术对提高煤层低透气性、增大瓦斯抽采量、降低煤与瓦斯突出危险性、改善工作面作业环境效果显著,为单一低渗煤层的区域瓦斯治理和煤层气开发开创了一条新的途径[27]。

水力压裂虽然能够实现较大范围的煤体卸压,同时也存在着一定的缺陷和不足,极大地制约了该技术的大范围推广应用。主要表现为:① 高压水的作用在局部范围会遗留下高应力集中带,造成新的安全隐患;② 受到煤层结构复杂、煤体松软破碎、局部断裂构造带等因素的影响,常导致煤岩的可压裂性难以把握,而且压裂方向也不易控制;③ 在地应力、构造应力、采掘应力交叉作用的区域,压裂过程中裂隙生成和裂隙延展的机制更加复杂、难度进一步增大,而且压裂方向更加不易控制;④ 压裂液浸入煤体后不易排除,且受高压水作用生成的煤岩层裂隙在较短时间内会再次闭合。由此发现,实施定向水力压裂技术与工艺的成败与目标区域煤岩层的地质特征密切相关。因而,明确煤岩层的地质特征,并在此基础上有针对性地进一步研制开发合理、可行的配套技术、工艺与装备,是切实改善定向水力压裂卸压增透效果、提高本煤层瓦斯抽采率,最终实现预防煤与瓦斯突出灾害的有效途径。

综上所述,通过钻孔高压水对煤(岩)体实施水力压裂是一种理论上可行、实践中可以操作的"卸压增透"和瓦斯灾害治理技术措施,其效果则与煤(岩)体在高压水作用下自身的物理、力学响应特征密切相关。为了减少前期不必要的工程投资、降低技术工艺实施过程中的盲目性和不确定性,有效提高对煤(岩)层实施水力压裂"卸压增透"的成功率和本煤层瓦斯抽采效果,最大限度地降低煤层瓦斯压力和瓦斯含量,切实确保煤矿安全生产长期性和连续性,在实验室系统地开展"高压水压载荷下煤体变形特性及瓦斯渗流规律研究"具有非常显著的理论价值和现实意义,同时能给煤矿企业带来一定的经济、社会以及环境效益。

(1) 经济效益

① 通过实验室分析获取不同煤体的物理、力学属性、水力压裂过程中煤体的变形、破碎过程以及裂隙延展,为井下实施本煤层、顺煤层或顶底板围岩水力压裂"卸压增透"技术措施提供比较明确的指导,极大地降低由于盲目实施井下作业造成的工程施工、材料、人力及生产延误等方面的经济损失。

② 由于提高了井下水力压裂技术措施的成功率,改善了"卸压增透"效果,本煤层瓦斯抽采率和抽采量可得到有效提高,瓦斯治理工作更具可靠性和高效性,以往瓦斯治理措施中不必要的开拓工程量和人员管理上的无谓消耗大大减少,煤矿生产效率最终得以提高。

③ 可切实促进抽采、利用增加的煤层瓦斯(即煤层气)这种新型、洁净能源能给煤矿企业带来可观的经济效益。

(2) 社会效益

我国高瓦斯、低透气性煤矿分布广泛,防治煤与瓦斯突出等矿井瓦斯灾害的任务非常艰巨。由于许多矿井为单一煤层开采,不具备开采保护层后抽采卸压瓦斯的条件。因此,预抽本煤层瓦斯成为采掘作业之前必须执行的区域防突技术措施。通过实施有效的本煤层、顺煤层或顶底板围岩水力压裂,增加煤层瓦斯透气性和瓦斯抽放量,可极大地降低煤层瓦斯含量和瓦斯压力,减小煤矿发生瓦斯灾害的频率、降低强度和减少伤亡人数,改善煤矿企业生产条件恶劣和危险性高的不良社会印象,为建设和谐、平安矿山贡献力量。

(3) 环境效益

通过提高煤层的瓦斯渗透性,增加本煤层瓦斯抽放量,减少煤矿瓦斯排空量,可大大减小甲烷这种温室气体对臭氧层的破坏,有效保护环境。

1.2 国内外研究现状及存在问题

1.2.1 煤层增透技术研究现状

目前我国开采的煤矿大多数为高瓦斯(煤与瓦斯突出)低透气性矿井。为了提高这些矿井的瓦斯抽放效果(主要是瓦斯抽放量及抽放浓度)目前主要采取的措施包括提高钻孔的密度及延长瓦斯抽放的时间,但是在有些矿区效果甚微。因此,在技术上还必须采取各种形式的"煤层增透"技术措施来解决这一难题,"煤层增透"技术措施可以在很大程度上增加煤体裂隙或者是使煤体内部的原生裂隙较好地沟通以更好地为瓦斯的流动提供通道,各种形式的"煤层增透"技术措施可以从根本上使煤层的透气性系数提高,最终提高了本煤层的瓦斯抽放效果[28-31]。对于透气性特别低难以进行抽采的煤层而言,必须采取多种形式的技术手段对煤层进行卸压增透,使煤层内部的原生裂隙网络间互相有效地沟通或者是产生新的裂隙网络[33-35]。国内外的很多矿井已经展开了各种形式的"煤层增透"技术措施的现场试验研究,根据现场应用情况来看,效果比较明显的技术措施主要有:保护层开采、突出煤层深钻孔、水力压裂、深孔预裂爆破、高压水射流扩孔、水力割缝等[37-42]。

在突出矿井开采煤层群时,应优先选择开采保护层防治突出措施。原始煤层透气性主要由煤层孔隙裂隙结构决定,然而在开采过程中其主要受到地质条件及开采引起的应力场的影响[43-44]。研究表明[45-50],开采保护层能使被保护煤层卸压,增大煤层的透气性,在开采保护层的同时进行卸压瓦斯抽放,可大幅降低被保护煤层的瓦斯压力,减少煤层瓦斯含量,有效预防和控制瓦斯突出。

但是,由于我国大多数煤田煤层赋存差异较大,许多矿区的突出煤层不存在保护层可采或者保护层开采厚度较薄不具备开采经济价值,导致保护层开采条件差,工程投入巨大,应用效果得不到保证从而无法采取保护层开采这一区域防突技术措施。突出煤层深钻孔的方法在松软煤层成孔过程中往往会出现塌孔、喷孔和夹钻等现象,而导致钻孔长度难以保证,而达不到理想的抽采效果[51];深孔爆破虽然能够使原始煤体松动从而达到提高煤层透气性的目的,但在应用于突出煤层时往往会诱发突出灾害的发生,成为突出发生的导火线[52-55];高压水力割缝技术,割缝增透技术工程量大,难以达到大面积增加煤层透气性的目的[57-57];水力挤出、水力冲孔、水力冲刷等比较适用于煤体应力集中带以外的卸压带[58-61];煤层注水措施的注水压力和注水量有限,难以开启新生裂缝或使原生裂缝有效扩展、延伸、沟通[62-63]。

1.2.2 水力压裂机理

水力压裂的理论基础即压裂机理主要包括压裂裂缝的起裂和延伸两大部分。

(1)裂缝起裂机理

裂缝的起裂受到诸多因素的控制,一般可以通过实验来确定,研究表明:裂缝的起裂取决于压裂钻孔所处的应力状态、压裂液的泵注速度和岩石的非均质性。不同的压裂孔方式和不同的泵注流量下孔壁裂缝的起裂模式也不一样[64-66]。

(2)裂缝的延展机理

压裂裂缝延展方面则主要依据线弹性力学的理论知识来进行分析计算和模拟。石油井水力压裂方面的研究结果表明这种分析结果与油田实际情况存在较大的差异,现有的裂缝延展模型中忽略了裂缝端部机制,主要包括裂缝端处的压裂液滞后、岩石非弹性应变及端部变形膨胀与时间效应的关系。

水力压裂机理方面的研究目前较欠缺,尽管还存在很多有待研究的问题,但已有的研究成果仍为煤层钻孔注水压裂研究提供了一套可行的技术思路。

1.2.3 水力压裂技术研究现状

自1947年水力压裂技术在美国堪萨斯州试验成功至今为止已经经过了将近半个多世纪的发展,作为油气井增产增注的主要技术措施已经广泛用于低渗透油气田的开发中[68-69]。目前,水力压裂方面的研究大多数局限在石油、油气藏、煤层气藏以及地热井资源的开发开采中,且主要在现场应用于扩展压裂对象的裂隙,大多数局限在地面井条件下[70]。地面钻井压裂采气工艺的主要目的是改善煤层已有裂隙的导流能力,压开、支撑更多的裂缝,尽量使得煤层中的裂缝有效沟通,为压力的传播和气体的流动提供更多的通道,进而达到瓦斯气体从煤体内有效地解吸和产出。煤层气开采在我国山西等地区实现了商业化并取得了一定的经济效益,推动了煤层气行业的快速发展。

但是,地面开发局限于原生结构煤体,松软煤体压裂后裂缝重新闭合的情况较多,裂隙的导通能力初期较大,后期逐渐衰减,抽采率随之降低,抽采周期长,一般长达5~8年的时间,导致了抽采的成本增加,同时也难以满足煤矿瓦斯区域治理的快速抽采要求,在很大程度上制约着煤炭企业的正常接替;而采气周期相对较短的水平分支井、长羽状井尽管能在较短时间内有效抽采煤层内的瓦斯,但是一次性投入较高,钻井地质与施工要求较苛刻,局限性大,因此在煤矿难以普遍推广[71-72]。

有关水力压裂技术应用于本煤层瓦斯抽放增加煤层透气性,提高瓦斯抽放效果的课题。苏联20世纪60年代就开始在卡拉甘达和顿巴斯两个矿区的15对矿井尝试井下水力压裂试验研究[73-74];我国二十世纪五六十年代煤科总院沈阳分院在阳泉、红卫、抚顺、焦作、鹤岗等矿区就进行过试验研究并取得了一些进展性的成果[75-78],但是由于当时水力加载设备泵注压力小,泵注流量低,难以满足压裂的要求,而且压裂后煤体裂缝重新闭合问题也难以解决,因此压裂效果不是很明显。近年来,河南省煤层气开发利用有限公司应用井下定向压裂增透成套技术,在河南主要的高瓦斯矿区进行了百余次的现场实验,取得了较好的卸压增透效果[79-80]。但是水力压裂理论方面进展一直滞后,采用水力压裂措施增加煤层的渗透率机理研究方面尚不深入,比如裂隙产生的位置及其延伸的方向、压裂裂隙扩展机理。

目前有关水力压裂技术理论方面的研究主要包括水力压裂方案设计、压裂液及支撑剂的选择、水力压裂裂缝的监测监控方法、水力压裂模型及压裂控制软件开发等[81]。

(1)压裂技术及压裂裂缝控制技术

水力压裂技术方面的研究主要是开展了重复多次压裂技术。它能有效地改造失效井并且能使产量处于经济生产线以下的压裂井产量大增。美国等许多国家在重复压裂技术的理论研究、工艺实施以及现场实践应用等方面做了大量工作并取得了较理想的效果。许多产气井重复压裂达4次以上,最终成功率达到70%~80%,取得了较为可观的经济效益[82-83]。我国胜利油田、大庆油田、长庆油田、玉门油田等也在现场进行了重复压裂试验并取得了一些成功的经验和认识。但是压裂过程中也发现了不少难以解决的问题,如重复压裂的造缝机理、新缝开裂的可能性及裂缝开裂的条件等。

裂缝控制技术方面主要包括裂缝宽度及高度的控制两个方面。

在裂缝宽度控制上主要研究并发展了缝端脱砂压裂技术,即在一定裂缝的端部形成砂堵,阻碍裂缝继续向前延伸、扩展,同时以一定的流量继续泵注高砂比的压裂液从而迫使裂缝膨胀变宽,从而裂缝导流能力大大增加[84]。

缝高控制技术主要针对油层极薄的井田或者是弱应力阻挡层,防止因为压裂的作用而使压裂产生的裂缝穿透生产层而进入阻挡层[85]。

(2)压裂液和支撑剂研究

目前国内外采用的压裂液大多数为水基压裂液(占 90% 以上)以及泡沫压裂液(约占 10%),使用石油基压裂液的情况极少。目前已经研制出的几种新型压裂液主要有水基胍胶压裂液、高温油基压裂液、聚合物乳化压裂液、速溶式压裂液、延缓交联压裂液、二氧化碳泡沫压裂液等。

支撑剂的研究主要侧重系列化方向发展,包括高强度支撑剂系列(以石英砂为主),中等强度支撑剂系列(以树脂包层石英砂系列为主)。

(3)压裂裂缝监测方法

测量压裂后裂缝的几何形态是压裂措施的一项重要技术工作,为了获得比较精确的裂缝形态,工程技术人员大多数采用几种检测方法进行广泛比较,同时使用多种不同的方法来增加解释的精确度。目前在裂缝高度检测技术上,主要采取放射性同位素示踪法以及井温方法;在裂缝方位以及宽度检测方面,首先采用电视测量法获得较为清晰的井壁图像,然后再根据图像来确定裂缝方位及宽度。

(4)水力压裂优化设计

从 20 世纪 80 年代中后期开始,水力压裂优化设计工作开始进行,主要包括裂缝长度以及裂缝导流能力的预测、压裂参数及数学模型设计。

在裂缝长度和裂缝导流能力预测方面,首先利用油藏导流动态来模拟和预测不同的裂缝长度及裂缝导流能力有望达到的油气量产能。用所测得的数据建起裂缝缝长与油气净收益之间的关系。计算出达到不同缝长和导流能力所投入的费用,尽可能地提高经济回收总额。

压裂参数设计方面,主要在实验室进行模拟实验来确定优化设计相关的关键参数。比如支撑裂缝的几何形态以及导流能力、岩石力学性质以及压裂孔地应力分布、压裂液的黏度大小和滤失性强弱、前置液及支撑剂的浓度、压裂液的排量及施工压力等的确定方法。

在压裂数学模型的设计方面,发展并应用了水力压裂的三维数学模型。过去简单的二维模型已经事先人为设定了压裂裂缝的高度,在压裂过程中并假定裂缝的高度保持不变,但是在实际压裂过程中,裂缝的高度与长度是同时变化的,缝高大小不可能保持不变,于是后期发展了模拟三维模型,可以利用简化的三维裂缝模型来模拟计算压裂裂缝在三个不同方向上的扩展、延伸[88-88]。

(5)水力压裂增透造缝机理

水力压裂的理论基础即压裂机理,主要包括压裂裂缝的起裂和延伸两大部分。

① 裂缝起裂机理。裂缝的起裂受到诸多因素的控制,一般可以通过实验来确定,研究表明:裂缝的起裂取决于压裂钻孔所处的应力状态、压裂液的泵注速度和岩石的非均质性。不同的压裂孔方式和泵注流量下,孔壁裂缝的起裂模式也不一样。

② 裂缝的延展机理。压裂裂缝延展方面则主要依据线弹性力学的理论知识来进行分析计算和模拟。石油井水力压裂方面的研究结果表明这种分析结果与油田实际情况存在较大的差异,现有的裂缝延展模型中忽略了裂缝端部机制,主要包括裂缝端处的压裂液滞后、岩石非弹性应变及端部变形膨胀与时间效应的关系。

水力压裂机理方面的研究目前较欠缺,尽管还存在很多有待研究的问题,但已有的研究成果仍为煤层钻孔注水压裂研究提供了一套可行的技术思路。

1.2.4 煤层水力压裂技术存在的主要问题

大量的理论研究和现场实践证明,对煤层采取水力压裂措施的效果不仅与压裂技术工艺和压裂方式有关,在很大程度上还与待压裂区域的煤层自身是否具有可压裂性密切相关,即在钻孔高压水作用下,煤体能否出现有利于其瓦斯渗透性升高的变形和裂隙变化,产生的变形和裂隙是否具有比较广的延展范围并保持比较长久的持续时间等。目前煤层水力压裂技术和工艺之所以在不少矿区、煤层没有取得比较理想的效果,主要原因在于预先对不同压裂对象(煤体或岩体)的可压裂特性不明确所致。如果不因地制宜充分考虑井下不同的实际条件,仅仅一味地效仿或照搬以往成功案例的办法和经验,往往存在很大的盲目性和不确定性,严重影响水力压裂技术和工艺的实施效果,甚至导致最终的失败。

经过比较系统、全面的调研和分析,可知目前在执行煤层水力压裂技术过程中主要存在以下几个方面的问题,这些问题严重影响和制约了该项"卸压增透"措施的效果和推广应用范围。

(1)前期投入大,成功率难以保证,预期效果不明确,煤矿决策者持怀疑、审慎态度。

直接在井下实施煤层水力压裂技术措施,不仅所需的装备和材料比较昂贵,而且施工工程量较大,前期投入较高。如果没有较高的成功率和明确的压裂效果提供保障,一旦压裂失败或效果不理想,势必造成不可挽回的直接和间接经济损失,延误宝贵的生产时间。受此影响,煤矿决策者更倾向于选择维持现状。

(2)对目标煤层在高压水作用下的可压裂性或可压裂程度不明确,直接导致了该项"卸压增透"技术工艺执行结果的低效甚至是失败。

① 松软煤体如构造煤在钻孔高压水作用下是否发生塑性的膨胀变形;能否产生裂隙并进一步延展;产生塑性膨胀变形后是否会堵塞高压水渗流的通道并造成局部应力集中隐患等。在实施井下水力压裂之前均不明确。

② 在不同的矿区、矿井、采区甚至不同工作面,不同破坏类型的煤体在钻孔高压水压作用下,其变形(脆性变形、塑性变形)特征、裂隙生成及延展特征通常具有比较大的差异性。当以上特性未考察清楚时,盲目地采用同一种工艺进行水力压裂,不仅难以掌握压裂点生成裂隙的性质,更无法预料和控制裂隙扩展、延伸的方向和范围。

③ 由于不同类型煤层物理及力学特性的差异,对其实现水力压裂时有效裂隙扩展所需的水压和流量也必然不同。如果对此方面的特征不清楚,不仅对煤岩开始生成裂隙的临界水压条件无法把握,也不能通过合理控制注水量使裂隙得到更加充分的扩展。因此,同样难以取得最理想的水力压裂效果[89-90]。

(3)目前常用的顺层钻孔压裂和穿层钻孔压裂工艺,其前提都需预先施工完成一定规格煤层钻孔。经过大量的实践考察和分析认为有以下几方面制约了实施效果:

① 在松软破碎的高瓦斯突出煤层(或煤层段)施工钻孔,发生顶钻、卡钻、喷孔的频率非常高,不但钻孔施工难度增加、工期延长,而且施工人员需要直接面对着具有高瓦斯突出危险性的煤体(或穿层钻孔),在短兵相接的条件下作业,给水力压裂的安全实施提出了更高要求。

② 对于松软低渗煤层,无论本煤层钻孔还是穿层钻孔煤层段实施水力压裂,都存在高压水在煤层钻孔里极易与软煤结合形成煤泥(浆)导致塌孔;高压水作用于钻孔四周松软煤体时更多造成其塑性变形,从而导致煤体被进一步压实;即使水力压裂措施在松软煤体里具有一定的卸压增透作用,其有效作用半径也很小,通常不会超过 1.0 m,而且由于"软煤"的流变性,在很短时间内即恢复原状等现象。因此,对于松软破碎的高瓦斯突出煤层,单独对煤层进行注水压裂,其增透效果是非常有限的。

③ 钻孔不易维护,有效利用率低。尤其对松软煤层具有强度低、易破碎的特点,即使已经施工好的钻孔,受地应力、构造应力、采掘应力等因素的影响,在短时间内会出现坍塌、压实、闭合等情况,以至于执行后续的水力压裂或其他卸压措施时,原先的煤层钻孔已经严重变形甚至不存在了。

④ 由于不同类型煤岩其物理和力学特性的差异,对其实现水力压裂和有效裂隙扩展所需的水压和流量也必然不同。如果对此方面的特征不清楚,不仅对煤岩开始生成裂隙的临界水压条件无法把握,也不能通过合理控制注水量使裂隙得到更加充分的扩展。因此,同样难以取得最理想的水力压裂效果。

(4) 总体缺乏对煤体水力压裂之后持续时间和持续效果的系统考察和分析。

大量的现场实践证明,受区域地应力的影响,松软煤体在经过水力压裂后生成和扩展的微小裂隙通常仅能维持较短的时间。即使比较坚硬,发生脆性变形的煤在压裂完成后具有比较明显的"卸压增透"效果,同样不能持续很长时间,通常也表现为不同程度的衰减。由于预先没有研究并掌握这个衰减过程的定量曲线,目前尚不能有针对性地对煤岩体在合理的时间实施二次甚至多次水力压裂,以持久地维持比较理想的"卸压增透"效果,切实保证本煤层瓦斯运移的连续性和稳定性。

1.3　研究内容及研究方法

1.3.1　主要研究内容

通过实施水力压裂对煤层进行"卸压增透",可以有效提高本煤层瓦斯抽采率、降低瓦斯含量及压力。本书针对水力压裂技术措施的成败(效果)与煤体自身物理特性密切相关的大量理论、实践经验,拟通过设计、改装物理模拟实验系统来研究高压水压及地应力综合作用下不同破坏类型煤层的瓦斯渗透变化特性、膨胀塑性变形特征;考察综合作用条件下煤体破碎生成裂隙的过程和水压临界条件;分析高压水载荷条件下煤体水平与垂直裂缝起裂的判据,延展变化特征及其范围。取得的预期成果可望对煤矿实际条件下实施煤体顺层、穿层及顶(底)板水力压裂提供比较明确的依据,以期取得更加理想的"卸压增透"和本煤层瓦斯抽采效果。主要研究内容如下:

(1) 高压水载荷下煤样瓦斯渗流实验装置的设计与改装

① 煤样试件密封系统(夹持器);

② 三轴应力加载及伺服控制系统;

③ 瓦斯气体接入系统;

④ 气体渗流系统;

⑤ 模拟钻孔与水力压裂控制系统；

⑥ 瓦斯流量监测系统；

⑦ 自动监测与数据采集系统。

（2）目标矿区的确定及原煤煤样的制作

① 煤体结构分类；

② 目标矿区煤层基本参数测试分析；

③ 孔隙率与煤体坚固性系数关系分析；

④ 松软易破碎煤体原始煤样采集及试件制作工艺。

（3）高压水作用下煤体破裂过程及瓦斯渗流特性实验研究

① 试件加载轴压与围压关系分析；

② 煤样试件渗透性实验室测定方法确定；

③ 实验方案的确定；

④ 高压水加载前煤样渗透性实验；

⑤ 高压水作用下原生结构煤（硬煤）的破碎过程及水压临界条件研究；

⑥ 高压水作用下构造煤（软煤）的破碎过程及水压临界条件研究；

⑦ 高压水加载前后原生结构煤（硬煤）瓦斯渗透特性变化规律实验研究；

⑧ 高压水加载前后构造煤（软煤）瓦斯渗透特性变化规律实验研究。

（4）高压水与应力综合作用下煤体变形与破坏特征实验研究

① 高压水与应力综合作用下水平、垂直裂缝的起裂判据；

② 高压水与应力综合作用下水平、垂直裂缝的延展特征；

③ 轴压一定变围压条件下煤体裂隙生产和延展；

④ 围压一定变轴压条件下煤体裂隙生产和延展。

（5）水力压裂现场验证

① 压裂方案设计；

② 压裂实施与压裂效果对比；

③ 压裂效果的考察；

④ 水力压裂存在的问题以及煤层顶板压裂卸压增透机理。

1.3.2　研究方法

采用理论分析、实验模拟以及现场试验相结合的方法进行研究。充分地调研当前国内外实施井下顺煤层、穿煤层和顶底板围岩水力压裂采取的技术工艺及其地质条件；以高瓦斯、低透气性矿区为主要研究基地，选取并采集不同类型且具有代表性的煤层制作煤样试件；在此基础上应用设计、改装的煤钻孔水力压裂物理模拟实验系统，对预定研究内容和相关参数进行深入的研究和考察；通过将实验分析结果与现场实际水力压裂的过程和效果对比验证，进一步优化、完善"高压水压载荷下煤体变形特性及瓦斯渗流规律研究"研究结论。

1.4　技术路线

课题的技术路线如图 1-1 所示。

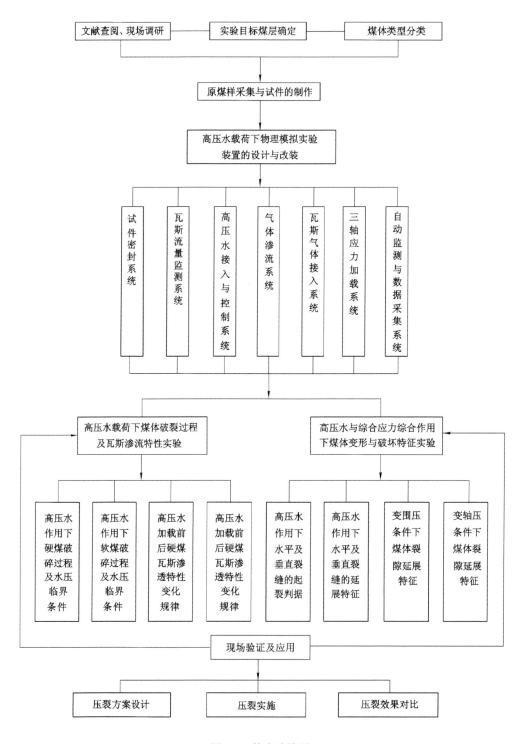

图 1-1　技术路线图

1.5 创新点

（1）实验装备创新

设计、改装煤钻孔水力压裂物理模拟实验装置。该装置与煤矿井下实际采场条件相符合，且安全可靠，对各功能系统的操作与控制具有直观和便捷性。

（2）技术创新

摸索出不同煤层对水力压裂的适用性，极大地降低了由于盲目实施井下顺煤层、穿煤层或顶底板围岩水力压裂造成的工程施工、材料、人力及生产延误等方面的经济损失。对不能采取水力压裂作为增透措施的软煤层提出了顶板致裂卸压的理论，并在矿井现场进行了验证。

（3）对不能采取水力压裂作为增透措施的松软煤层提出了"顶板致裂卸压"的理论，并在矿井现场进行了验证。

2 高压水载荷下瓦斯渗流实验装置的设计与改装

本章主要介绍了自行设计、改装的高压水载荷下瓦斯渗流模拟实验装置,该装置具有两大主要功能:一是能够在实验室进行煤样试件水力压裂过程模拟的同时考察其压裂增透效果—渗透率变化;二是实现出口负压作用下煤体瓦斯渗透特性实验。同时详细描述了该实验装置的六大系统,对每个系统的组成及功能进行了介绍。

2.1 功能用途简介和理论基础

煤体瓦斯渗透率是瓦斯渗流力学的基础,它决定着瓦斯在煤体中的运移难易程度。同时,渗透率与瓦斯抽采也密切相关[91-92]。目前,瓦斯抽采是防治各种瓦斯事故的基础措施之一。因此,渗透率也是防治煤与瓦斯突出及瓦斯爆炸等重大瓦斯灾害事故的关键着手点[93]。当前用来研究煤体瓦斯渗透率的设备大多数可以实现对煤体试样进行不同体积应力[94]、不同瓦斯压力[95]、围压加卸载[96]、全应力—应变过程[98-98]、循环载荷[99]、温度影响[100-102]等渗透性实验。但在煤矿实际的瓦斯抽采过程中,孔口需施加一定的负压才能实现。现有的设备能够调节出口处的压力大小,但是能调至负压的渗透性实验受到极大的限制。另外,水力压裂增透技术研究大多数是现场试验[103-108]或者是基于固流耦合理论的渗透率数值模拟[109-110],实验室研究缺乏。

2.1.1 主要用途与功能

该实验装置能够对煤试样进行水力压裂增透实验及模拟试件的水力压裂全过程;同时可用于负压条件下的各种煤岩体单向和多向动力学特性实验,进行试件的孔隙特性分析以及各种煤岩体的应力应变等渗透性实验。

可以实现轴向位移及应力控制、轴向变形控制,可以实现围压控制、气渗透压力控制、水渗透压力控制、高压水水压控制。试验仪的出口可调至负压,流量计可以测量负压作用下瓦斯气体流量。可实现恒轴向力、恒位移、恒变形、恒围压、恒孔隙水压、恒孔隙气压等实验;也可以实现恒速率试验、恒速率位移、恒速率围压、恒速率变形等实验。设备的自动化程度较高,试验过程各测量参数能实时显示,试验仪具有防止试样破坏时的冲击自动保护功能。

2.1.2 渗透率计算理论基础

常规的三轴应力渗流实验是在出口压力为大气压情况下进行的,视煤岩试样为各向同性的均质材料,渗流规律符合 Darcy 定律,其计算公式为[111]:

$$k = \frac{2\mu p_0 Q_0 L}{(p_1^2 - p_2^2)A} \tag{2-1}$$

式中　k——渗透率，mD；

　　　μ——流体动力黏度系数，Pa·s；

　　　p_0——标准大气压，MPa；

　　　Q_0——p_0在标准大气压时的渗流量，cm^3/s；

　　　L——试件长度，cm；

　　　p_1——进口瓦斯压力，MPa；

　　　p_2——出口瓦斯压力，MPa；

　　　A——试件横截面面积，cm^2。

　　负压载荷时的渗流实验过程中，出口压力不是标准大气压。在设定的每一轴压、围压及孔隙压下进行实验，其透气性系数的计算式为[112]：

$$q = -\frac{k}{\mu} \cdot \frac{dp}{dx} \tag{2-2}$$

式中　q——流速，m/s；

　　　dp/dx——压力梯度，MPa/m。

　　式(2-1)是在边界条件为 $p\mid_{y=L} = p_1$ 和 $p\mid_{y=0} = p_2$ 时由式(2-2)推导得出的；当边界条件为 $p\mid_{y=L} = p_1$ 和 $p\mid_{y=0} = p_3$ 时，代入式(2-2)，令$\dfrac{dp}{dx} = t$，则 $dp = tdx$，考虑渗流方向与选定坐标方向相反，对两边积分，得$\dfrac{dp}{dx} = \dfrac{(-p_3) - p_1}{L}$，那么有：

$$\frac{dp}{dx} = \frac{(p_0 - p_3) - p_1}{L} \tag{2-3}$$

　　那么有：

$$q = -\frac{k}{\mu} \cdot \frac{-p_3 - p_1}{L} = \frac{k}{\mu} \cdot \frac{p_1 - (-p_3)}{L} \tag{2-4}$$

式中　p_3——出口负压。

　　当瓦斯以流速 q 通过一定横截面积 A 时，其单位时间内的流量为：

$$Q = qA \tag{2-5}$$

　　设 Q 为$[p_1 + (-p_3)]/2$ 时的流量，Q_0 为 P_0 等于 1 个大气压时的流量，根据气体状态方程

$$\frac{p_1 + (-p_3)}{2}Q = p_0 Q_0 \tag{2-6}$$

　　联合式(2-3)至式(2-6)可得出口负压作用下的渗透率计算式：

$$k = \frac{2\mu p_0 Q_0 L}{[p_1^2 - (p_0 - p_3)^2]A} \tag{2-7}$$

2.2　实验装置的系统组成

　　煤钻孔高压水载荷下煤样瓦斯渗流实验装置主要由煤样试件密封系统(夹持器)、三轴

应力加载及伺服控制系统、模拟钻孔与水力压裂控制系统、瓦斯气体接入系统、气体流量采集系统、自动监测与数据采集分析系统六部分组成(示意图 2-1 及实物图 2-2)。

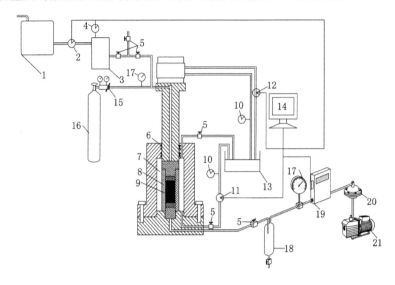

图 2-1　煤钻孔高压水载荷下煤样瓦斯渗流实验装置工作原理示意图

1——水箱;2——流量表;3——计量泵;4——水压表;5——阀门;6——密封胶圈;7——压力室;8——围压增压胶圈;
9——试件;10——油压表;11——围压控制阀;12——轴压控制阀;13——油箱;14——计算机;15——减压阀;
16——甲烷气体;17——气压表;18——气水分离器;19——流量计;20——阻尼器;21——真空泵

图 2-2　煤钻孔高压水载荷下煤样瓦斯渗流实验装置实物图

试件密封系统(夹持器)为一封闭空间,对煤样试件进行固定密闭,保证实验过程中高压水及瓦斯压力的保压;三轴应力加载及伺服控制系统则是采用电液伺服闭环技术,计算机控制煤样试件的轴压及围压加载;高压水接入与控制系统负责控制高压水的开通,并能控制泵入流量;接入瓦斯气体系统主要供给高纯度 CH_4($\geqslant 99.99\%$),并可调节气体压力;气体流量采集系统对瓦斯流量进行采集,且流量计内置故障报警系统,能自动阻止煤尘及其他液体侵入;自动监测与数据采集分析系统则主要在实验过程中自动计入泵注压力以及瓦斯流量。

另外设备中还配置有水量储存系统、负压加载系统。水量存储系统主要是存储压裂过程中煤样渗流出的水;负压加载系统主要是在煤样试件压裂结束后,研究其瓦斯渗流规律时抽出试件内部裂隙残留的水分,从而保证流量的采集不受水的影响,保障测定结果的准确性。

实验系统各部分附件主要参数如下:

① 轴压范围:0~100 MPa,精度:0.1 MPa;

② 围压范围:0~60 MPa,精度:0.1 MPa;

③ 瓦斯压力范围:0~10 MPa,精度:0.1 MPa;

④ D08-7Bm 型质量流量计测量范围:0~30 SCCM(标准毫升/分),精度:±1.5% F.S,耐压 3 MPa;

⑤ SZ-A-3/16 微型微量实验室用计量泵,额定流量 3 L/h,最大出口压力达 16 MPa;

⑥ 三轴应力夹持器,规格:$\phi50\times100$,试验压力:13 MPa,保压时间:30 min。

2.3 实验装置的各部分简介

2.3.1 煤样试件密封系统

煤样试件密封系统是放置试样的容器装置即夹持器,由底座、压力室缸体、活塞杆及密封胶圈等组成,见图 2-3 和图 2-4。压力室适合的试样尺寸为:$\phi50\times(80\sim120)$mm。活塞杆上方有两个孔口接头,一个孔口为气体渗透性实验中瓦斯的进入通道,另外一个孔为水力压裂实验中高压水的入水口。底座上的接口有气渗透出口,压力室筒侧壁有两孔口,此孔口为围压增压装置的溢流口。

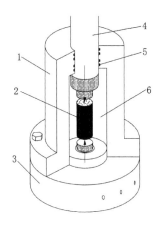

图 2-3 煤样试件密封系统示意图

1——压力室筒;2——试件;3——底座;4——活塞杆;5——密封胶圈;6——压力室

实验过程中,煤样试件的轴压加载通过设备的轴向动作器传递压力给夹持器的活塞杆进而作用于煤样试件,围压加载则通过夹持器压力室壁侧的液压油进出控制。煤样试件周围的密闭依靠密封胶圈实现,压力杆与缸体接触部分为锥形,上部密闭依靠压力室缸体与活塞杆轴压传递压紧来实现(锥形密闭)。

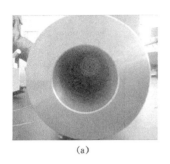
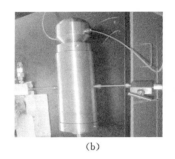

(a)　　　　　　　　　　　(b)

图 2-4　煤样试件密封系统示意图

2.3.2　三轴应力加载及伺服控制系统

应力加载系统由轴向加载装置、围压增压装置以及加压泵站组成。

（1）轴向加载装置

轴向应力加载系统是由安装在机身上的轴向动作器提供其轴向压力，轴向最大试验力为 80 MPa。通过电液伺服装置、滤油器，在传感器及微机系统的控制下，把液压缸中的液压油作用到提升装置，通过提升装置带动活塞杆上下移动，实现对试样的轴向加卸载过程（实物图见图 2-5），轴压的加载可通过计算机软件进行设定来实现。

图 2-5　三轴应力轴向加载装置实物图

油箱、柱塞泵、电动机、阀组等构成液压源的主要部分。将皮囊式蓄能器装置在阀组上，将高压氮气充入将皮囊式蓄能器内部。清洁油通过过滤器进入油泵，清洁油进入油泵后产生高压油，之后流经单向阀。系统的最大压力值通过液压回路中的溢流阀来控制，阀门压力的稳定以及流量的瞬间不足靠安装在液压缸进油口的蓄能器来实现的。同时，安装在进油路上的精密滤油器的作用是保证伺服阀的正常运转。

（2）围压增压装置

围压增压系统是由液压增压缸、橡胶圈、伺服装置、位移和压力传感器、围压调节与控制系统等组成（示意图见图 2-6、实物图见图 2-7），最大围压为 60 MPa。其工作原理是：伺服液压油注入压力室腔体,液体产生压力,通过橡胶圈将围侧压力传递给试样。围压加载时,启动围压泵之后,打开三轴应力渗透仪压力室下部的围压增压进油口阀门和安装在压力室上方的溢流阀开关,当溢流口有油流出时,即关闭压力室进油口的阀门和溢流口的阀门,然后把围压增压缸的活塞杆旋至最外端以吸足液压油,将压力调至所需压力即可设定实验所需的围压。

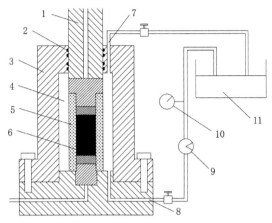

图 2-6 围压加载与控制系统图示意图

1——活塞杆;2——密封胶圈;3——压力室筒;4——压力室;5——围压增压橡胶圈;6——试件;
7——围压增压溢油口;8——围压增压进油口;9——围压控制泵;10——压力表;11——油箱

图 2-7 围压加载与控制系统图实物图

（3）加压泵站

三轴应力加压泵站提供轴压与围压的加载动力,三轴应力渗流试验仪采用电液伺服闭环技术,计算机控制。主要由液压源电气部分、轴向电液伺服闭环控制、侧向围压电液伺服闭环控制、侧向水压电液伺服闭环控制等组成。

液压源电气部分如图 2-8 和图 2-9 所示,其工作原理是,一部 15 kW 的三相交流鼠笼电动机带动一台 30 L/min 的柱塞泵提供压力源。液压源具有自动保护功能,当油温、压力超过系统所允许的值时,会发生自动报警。传感器信号采集系统包括轴向载荷、侧向围压、侧向水压三部分,在电液伺服阀闭环控制系统的驱动下,使系统协调地工作。其作用过程是将来自传感器的信号滤波放大,而后经装在微机内的 A/D 板送往微机和控制器,完成量化显示以及实现控制器的闭环比较。根据控制原理可知，伺服阀控制系统的工作方式有力控制和位移控制两种方式。由专用控制器来进行控制，该部分是将来自相应各放大器的传感器信号同与之相对应的给定信号比较，并进行 PID 控制后，去驱动电液伺服阀按照指令进行工作。

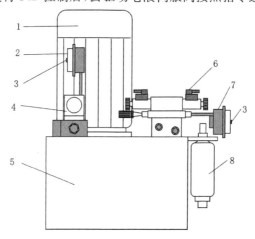

图 2-8　液压源结构图示意图

1——电动机；2——轴压控制表；3——压力调节旋钮；4——阀板；
5——油箱；6——电控开关；7——围压控制表；8——蓄能器

图 2-9　加压泵站实物图

液压源的控制包括触摸屏控制系统与手动操作控制系统，如图 2-10 所示。触摸屏与手动操作控制都能通过对液压泵站的控制来实现轴压、围压的加载与卸压。

 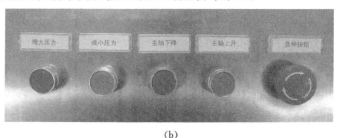

　　　　　（a）　　　　　　　　　　　　　　　　　　（b）

图 2-10　液压源控制部分

（a）液压源触摸控制屏；（b）液压源手动操作台

2.3.3　模拟钻孔与水力压裂控制系统

（1）模拟钻孔系统

水力压裂的作用是通过对煤体注入高压水以改变煤体的原生内部孔隙、裂隙结构,提高煤体瓦斯的渗透性。

煤样加工成标准试件之后,用钻孔器沿煤样的轴向开一直径为 5 mm、深度为 6 mm 左右的钻孔,以模拟现场实验的压裂孔。将直径为 3 mm 耐高压注水管道与试件钻孔壁用特殊材料进行封孔,封孔深度为 4 mm,预留 2 mm 的注水深度。压力水入口要与钻孔口正对且进行良好密封,以便压力水更容易输送至煤样钻孔内,见图 2-11。

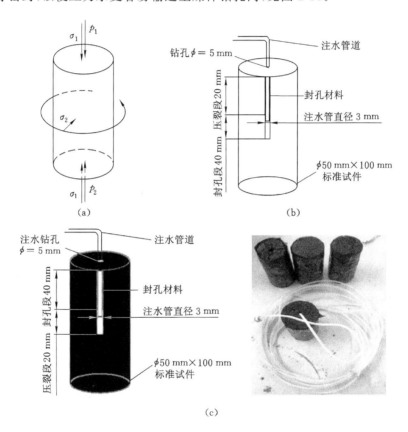

图 2-11　试件受力与钻孔图

（a）试件受力示意图；（b）煤样钻孔示意图；（c）煤样钻孔实物图

① 注水管道的选择。

注水管道为直径 3 mm 的不锈钢管,钢管具有一定的抗压强度,围压加载时能抵抗压强保护模拟钻孔的破坏。

② 封孔材料。

封孔材料为特质特制的化学药剂 A/B 液,两种液体混合后黏结性好,能与周围煤岩充分融为一体,抗破裂能力强,封孔材料的技术参数见表 2-1。

表 2-1　　　　　　　　　　　封孔材料技术参数

技术参数	初凝时间/min	终凝时间/min	固体密度/(kg/m³)	抗压强度/MPa	黏结强度/MPa
参数值	2~3	5~6	400~1 250	50	35

（2）水力压裂控制系统

水力压裂系统主要由水箱、计量泵、压力传感器、压力表及附属管路组成,如图 2-12 和图 2-13 所示。在压裂液中加入高锰酸钾使压裂液颜色变红,以便于压裂结束后更好地观测裂隙的分布(加入的高锰酸钾量极少,经水稀释后酸性已很弱,试验过程中不考虑其对煤吸附瓦斯能力的影响)。

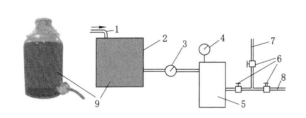

图 2-12　水力压裂系统示意图　　　　　图 2-13　水力压裂系统实物图

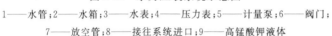

1——水管;2——水箱;3——水表;4——压力表;5——计量泵;6——阀门;
7——放空管;8——接往系统进口;9——高锰酸钾液体

水力压裂实验目的是要对煤体试样的内部结构进行改变,贯通其原有的孔隙和裂隙,产生新的瓦斯流通通道,增大瓦斯气体的渗透能力。最大供水压力为 16 MPa。在进行注水前,要先把二位阀调至水力压裂档位,把水路上的相应阀门全部打开,启动水压控制泵,对煤体试样进行一定时间的压裂。压裂过程结束后,打开与真空泵相连接管路上的阀门,开启真空泵,尽最大可能抽出水力压裂时残留的水分,使其不影响渗透性的测量。然后关闭水力压裂系统,打开气渗透系统,即可进行水力压裂后的渗透性测试,以考察钻孔高压水作用下的变形与裂隙变化特征。

除了水力压裂功能和气渗透实验之外,试验仪还具备常规的水渗透实验功能。水渗透系统由液压水缸、伺服阀、位移传感器、组合阀门、压力传感器、水渗透压力控制与测量系统等组成。做水渗透实验时,先打开进水阀,关闭渗流阀以及三轴压力室上的气渗透系统的压力阀,将液压增压水缸的活塞运动至最外端,将水吸入水缸中,再关闭进水阀,打开渗流阀,将压力加到所需压力。

2.3.4　瓦斯气体接入系统

气渗透系统主要由高压气体钢瓶、减压调节阀、压力表、真空泵、阻尼器和连接管路组成,如图 2-14 和图 2-15 所示。

系统工作时,把二位阀拨至气渗透档位后,要先调节安装在气体钢瓶出口的减压阀,调至渗透入口所需气体压力,气体压力调节时压力表的示数有一定的滞后效应,减压阀

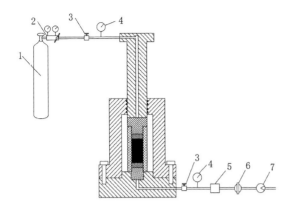

图 2-14　气渗透系统示意图　　　　　　　图 2-15　气渗透实物图
1——气体钢瓶;2——减压阀;3——阀门;4——压力表;
5——电子气体流量计;6——阻尼器;7——真空泵

的调节要缓慢,直至压力表示数稳定。然后再打开气路上的各阀门,对已安装好的煤体试样进行渗透性实验。阻尼器安装在出气口附近,其作用是进行负压作用下的渗透性实验时,消除真空泵的震动及工作不稳定对出口负压波动的影响,真空泵工作负压的调节范围为 0～40 kPa。阻尼器由蓄能弹性气囊构成,由真空泵产生的震动导致气压升高时,气囊会被压缩,阻止气体压力的升高,反之则阻碍气压降低,把气体压力控制在一个相对稳定的数值。阻尼器应尽量安放在真空泵抽气管口正对位置,以达到最佳的控制出口气体压力稳定的效果。

2.3.5　气体流量采集测量

在瓦斯渗透性试验中,通过煤样的瓦斯气体流量是主要测定的数据,最终渗透率的计算就是由瓦斯流量来进行计算,因此气体流量测量的准确性直接影响实验的成功与否。

在本实验中气体流量的测量主要采用两种方法进行:一种是用流量计,一种是用传统的积水排气法。流量计测量流量具有方便、精确的优点,是实验所采取的主要测量方法,积水排气法是一种辅助方法,主要是当流量计出现问题时的一种备用方法,同时也用来监测对比流量计的准确性。

本实验装置中气体流量测量存在两大特点:① 在负压作用下进行测量,气体质量流量计要选用能耐受所需范围的负高压;② 气体流量有时可能比较小,变化范围也可能比较大,所以应选用较大量程且能测定较小流量情况下的数字质量流量计。

气体质量流量计(Mass Flow Meter,可简写为 MFM)主要用于测量气体的质量、流量参数。它的应用范围特别广泛,主要应用在科研与生产中,包括用于集成电路工业、特种化学材料、半导体、化学化工业、石油天然气工业、医药、环境保护以及真空等。比较典型的应用,例如扩散、外延、氧化、等离子刻蚀、CVD、溅射、离子注入等电子工艺设备,另外包括镀膜设备、微反应实验装置、光纤熔炼、配气混气系统、气象色谱仪器、毛细管测量等。

本实验装置选择的质量流量计型号为 D07 系列的 D08-7BM 型,如图 2-16 所示,D07 系列质量流量计的特点主要包括:精度相对较高、反应速度较快、软启动、重复性能好、数据测量稳定可靠、工作压力范围较宽等特点,其操作更为方便,可以根据需要在任意位置进行安装,最大的特点是便于与计算机相连接以在数据读取上实现自动控制(可以再高压或真空条件下工作)。

图 2-16   D08-7BM 系列质量流量计

D07 系列的质量流量计使用过程中一般与 D08 系列流量显示仪配套,使用专用电缆线把控制器与显示仪进行连接,如图 2-17 所示。

流量显示装置的型号为 D08-1GM 型(图 2-18),该型号流量显示仪主要的组成部分包括±15 V 电源、5 V 电源、流量瞬时显示器、按钮、数据采集系统芯片以及通讯部件等。经由质量流量计传输的流量检测电压为(0～＋5 V),传输电压经由数据采集系统芯片进行转换变为数字信号,经过进行运算处理,瞬时流量被输送至四位的 LED 数码管进行显示,数码管显示的流量单位为:SCCM(标准毫升/min)、SLM(标准升/min)以及 SKLM(标准千升/ min)。

图 2-17   质量流量计与流量显示仪配套图   图 2-18   D08-1GM 型流量显示仪

数字质量流量计接在渗流出口处,当测量负压作用下的流量时,出口处还要有压力表、阻尼器和真空泵。另外,测量水力压裂后的气体渗流量时,要在出口处流量计前端安装简易的气水分离器,以避免水力压裂残留的水进入气体流量计而导致测量结果的不准确,甚至造成气体流量计的损坏,如图 2-19 所示。

2.3.6   自动监测与数据采集分析系统

自动监测与数据采集系统是采用计算机语言编制的程序,界面如图 2-20 所示。从图可以看出,界面主要包括三部分:煤样参数、实验数据及数据存储。

煤样参数主要包括试件的编号、直径、长度以及实验时当地的大气压力。这些数据需在

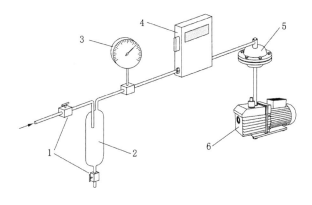

图 2-19　气体流量采集系统示意图

1——阀门；2——简易气水分离器；3——压力表；4——耐高压电子气体流量计；5——阻尼器；6——真空泵

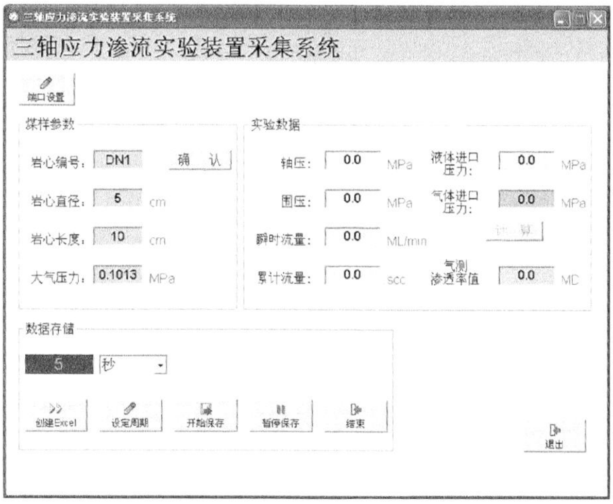

图 2-20　三轴应力实验装置信息采集系统

实验前手动输入；实验数据部分包括试件加载的轴压、围压、瓦斯气体的瞬时流量、累计流量、气体的进口压力、渗透率数值以及加载水压的大小。这些参数在实验过程中自动实时显示，其中渗透率数值是计算机根据计算公式自动转换的；数据存储部分主要包括实验参数的采集频率，信息采集频率可以根据需要自行设定，实验过程中数据采集频率设定为次/5秒。实验开始进行时点击开始保存按钮，数据编在后台自动进行保存。

2.4　本章小结

高压水载荷下三轴应力渗流试验仪的研制弥补了常规三轴应力渗流实验仪不能提供负压的不足，同时还兼顾了水力压裂功能，集渗流实验与水力压裂实验于一体，具备两大主要功能：

① 能够模拟现场水力压裂过程，在实验室完成对煤体试样采取水力压裂措施后的增透

效果考察高压水载荷下不同类型煤体具有不同的变形特征,而煤体的变形特征又决定了其是否适合采用水力压裂作为卸压增透措施。为了减少不必要的工程投资,矿井在采用该技术措施前十分有必要进行实验室基础研究。

② 能够实现实验室内出口负压作用下各种煤岩体的瓦斯渗流规律实验一定瓦斯压力与应力状态下,煤体的渗透性与抽放钻孔孔口负压关系密切,为了更好地指导煤矿现场进一步提高瓦斯抽放效果,渗透率—负压关系的实验室研究工作有必要进一步开展。

3　目标矿区确定及原煤煤样的制作

本章介绍了煤体结构的类型——原生结构煤及构造煤,根据煤体的结构类型确定了煤样选取的目标矿区、煤层;介绍了目标矿区及煤层的基本概况并对相应的瓦斯基本参数进行了测试、分析并对煤的孔隙率与煤体坚固性系数的关系进行了探讨;重点介绍了两种典型原煤煤样——原生结构煤原煤样(硬煤)及构造煤(软煤)的制作方法与步骤,指出了原煤煤样制作过程中存在的问题;通过两种煤样的电子扫描图分析了渗透率与围压加载的关系。

3.1　煤体的结构类型

煤层在地质历史变迁以及演化等过程中会经受各种各样的地质构造作用,经过地质构造作用的煤体所表现出的样式各异的结构特征称为煤体结构。经过一系列的形变以及变质,煤体在结构类型上可以分为原生结构煤以及构造煤。原生结构煤指的是煤体保存了原有的沉积结构、构造特征,原生结构煤的内部煤岩成分、结构、构造、内部裂隙清晰可见;构造煤指的是煤层在构造应力拉张、挤压以及扭曲等构造作用下,其成分、构造以及结构发生了较大的变化,煤层被构造应力破坏。因此构造煤是粉化、变厚、变薄等变形作用以及煤体降解等变质作用的结果。

可根据构造煤的宏观结构将其分为碎裂结构、碎粒结构、粉粒结构以及糜棱结构,那么其相应的构造煤命名便依次为碎裂煤、碎粒煤以及糜棱煤[113]。不同煤体结构类型煤的宏观、微观特征分别见表 3-1 和表 3-2。20 世纪 20 年代开始,国外的专家学者便开始了对煤体结构的研究。20 世纪 80 年代,焦作矿业学院(现河南理工大学)瓦斯地质研究课题组最早强调构造煤的研究重要性[114],至 90 年代构造煤的研究已逐渐发展成为瓦斯地质学科的核心内容之一[115]。

含煤岩系的各种岩性中结构强度最小的是煤层强度,因此在各种构造运动过程中与其他岩体相比较煤体更容易遭到破坏。在地质构造对煤体破坏使其发生变形的过程中,煤体的物理化学结构、力学及光学性质等都会发生很大的变化,其表现便是在结构特征上与原生结构煤存在较大的差异[117-118]。

在原生结构煤和碎裂煤中,割理或构造裂隙系统得以较好地保存,孔隙开放,煤层气扩散、渗流系统较为通畅,渗透率相对较高;在碎粒煤和糜棱煤中,割理已不复存在,构造裂隙虽极其发育但是连通性较差,孔隙封闭,煤层气扩散、渗流通道极其不通畅,渗透率低,煤层的透气性随着煤的破坏程度增加而降低[119]。因此,对瓦斯抽采而言,碎粒煤和糜棱煤发育是不利因素。

表 3-1   煤体结构类型的四类划分

类型号	类型	赋存状态和分层特点	光泽和层理	煤体破碎程度	裂隙、揉皱发育程度	手试强度
Ⅰ	原生结构煤	层状、似层状、与上下分层整合接触	煤岩类型界限清晰、原生条带状结构明显	呈现较大的保持棱角的块体、块体间无相对位移	内、外生裂隙均可辨认，未见揉皱镜面	捏不动或成 cm 级碎块
Ⅱ	碎裂煤	层状、似层状、透镜状，与上下分层整合接触	煤岩类型界限清晰、原生条带状结构断续可见	呈现棱角状块体，但块体间已有相对位移	煤体被多组互相交切的裂隙切割，未见揉皱镜面	可捻搓成 cm、mm 级碎粒
Ⅲ	碎粒煤	透镜状、团块状、与上下分层呈构造不整合接触	光泽暗淡，原生结构遭到破坏	煤被揉搓捻碎、主要粒级在 1 mm 以上	构造镜面发育	易捻搓成 mm 级碎粒或煤粉
Ⅳ	糜棱煤	透镜状、团块状、与上下分层呈构造不整合接触	光泽暗淡，原生结构遭到破坏	煤被揉搓捻碎的更细小，主要粒级在 1 mm 以下	构造、揉皱镜面发育	极易捻搓成粉末或粉尘

表 3-2   不同煤体结构微观特征表

内容	原生煤	碎裂煤	碎粒煤	糜棱煤
比表面积	小 ——————————————————————→ 大			
孔道	峰 ——————————————————————→ 双众数			
孔容	小 ——————————————————————→ 大			
单位吸附量	小 ——————————————————————→ 大			
孔隙类型	型 ——————————————————————→ 封闭型			
煤岩组分	形态完整 ————————————————————→ 显微角砾			
结构	均状 ——————————————————————→ 网络状			
构造裂隙	无 ——————————————————————→ 发育			

3.2　目标矿区和煤层的确定

本实验研究采用的煤样分别来自郑州矿区的国投新登郑州煤业有限公司（简称新登煤业）、郑州煤炭工业（集团）有限责任公司超化煤矿（简称超化煤矿）及山西沁水煤田南端晋城矿区的山西亚美大宁能源有限公司（简称大宁煤矿）。

郑州矿区主要开采的煤层为二₁煤。其中，新登煤业浅部 31 采区的二₁煤埋藏深度较浅，在成煤过程中受地质构造的破坏较轻，煤质较坚硬，为原生结构煤（以下简称硬煤）；而相同矿区的超化煤矿的二₁煤埋藏深度相对较大，在成煤过程中受到过较严重的地区构造破坏,煤质较软,可看作Ⅱ类破裂煤或Ⅲ碎裂煤(以下简称软煤)。二₁煤层的硬煤及软煤样可分别在这两个矿井采集。

沁水煤田晋城矿区的主采煤层为3号煤。大宁煤矿3号煤层埋藏深度较浅,成煤过程中,煤体没有受到过较大的地质构造作用。一般而言,煤质相对较硬,为原生结构煤,但是在局部地区煤巷掘进工作面(巷道沿着煤层底板掘进)的下部发育有20~60 mm厚的软煤,该软煤煤质相对较软,甚至出现手捏成碎粉末状,为Ⅱ类破裂煤甚至Ⅲ碎裂煤。因此,3号煤层的硬煤及软煤的原煤样都可在大宁煤矿采集。

3.2.1 采样矿井概况

(1) 国投新登郑州煤业有限公司

新登煤业位于登封市东南24 km,行政区划属登封市告成镇。地理坐标为东经113°07′38″~113°09′39″,北纬34°20′41″~34°23′09″。矿区南北长1.3~4.4 km,东西宽0.2~3.0 km。

新登煤业设计生产能力为60万 t/a,1995年始达到年产60万 t的能力。2007年经原河南省煤炭工业局核定矿井生产能力为84万 t/a,当前实际生产能力为84万 t/a。

开采煤层为二叠系山西组二₁煤层。目前,新登公司一水平(+155 m)已结束,现主要开采+90 m水平,上下山开采,开采范围为31采区、22采区和25采区。矿井采用斜井多水平上下山开拓方式,水平布置方式沿走向布置开拓巷道(运输机巷和轨道巷);采煤方法为走向长臂、恒底后退式,一次采全高;通风方式为中央边界式,采用全部垮落法对顶板管理;井下运输以胶带运输机为主,辅以轨道运输。

矿井采用中央边界抽出式通风方式,主井、副井进风,风井回风。现安装两台同型号、同等能力的山西省运城安瑞节能风机有限公司生产的防爆抽出轴流式通风机,风机型号为BDK60-7-No18,一备一用,配套电机型号为YBFE315L₂-4,额定功率160 kW,风量为1 800~4 200 m³/min,风压900~4 200 Pa,能够满足安全生产要求,全矿井正常通风负压2 200 Pa,等积孔为1.6 m²,属中等阻力矿井。掘进工作面使用11 kW、15 kW、30 kW对旋风机的局部通风机,设专人管理,采用压入式通风方法,均能实现双风机双电源供电,自动倒台装置灵敏可靠,安装有风电、瓦斯电闭锁。

目前矿井总进风3 740 m³/min,总回风4 010 m³/min,进风从副井和主井到+155 m水平分支到暗主井、暗副井和+155 m大巷到+90 m水平,再分别进入+90 m北翼采区、南翼采区和+90 m水平下山采区。北翼采区回风和+90 m水平下山回风都回到+90 m回风大巷进入风井,南翼采区回风从南翼回风大巷直接回到风井。

(2) 郑煤超化煤矿

超化煤矿位于河南省新密煤田南部、平陌—超化矿区东部,行政区划属河南省新密市超化镇申沟村。其地理坐标为东经113°22′47″~113°27′35″,北纬34°25′09″~34°26′58″。

依据矿井2012年度矿井瓦斯等级鉴定结论,矿井瓦斯等级为煤与瓦斯突出,该矿的相对瓦斯涌出量为3.95 m³/t,绝对瓦斯涌出量为14.41 m³/min。根据瓦斯地质资料显示,矿井最大瓦斯含量为14.37 m³/t,最高瓦斯压力为2.46 MPa。2009年经重庆分院鉴定,矿井一水平煤尘爆炸指数为17.58%,二水平煤尘爆炸指数为17.32%,煤尘具有爆炸危险性。煤层自燃倾向性等级为Ⅲ类,属不易自燃煤层。

矿井通风方式采用对角式通风,通风方法为抽出式,由副井进风,东风井、31风井回风。东风井装备有两台主扇(型号:G4-73-11NO22d离心式),一用一备,担负21、23采区的通风任务;31风井装备有两台主扇(型号为BDK65-8-NO28型轴流式),一用一备,担负22、31采区的通风任务,各风井风机均由双回路供电。目前,东风井排风量为5 196 m³/min,负压为1 928 Pa,等积孔为2.25 m²;31风井排风量为4 786 m³/min,负压为1 916 Pa,等积孔为2.09 m²,矿井总等积孔为4.34 m²,属通风容易矿井。

矿井采煤工作面采用"U"形全负压通风,掘进工作面采用压入式通风方法。各采区实行分区通风且通风系统完整独立;各采区主要布置有皮带、轨道进风巷和专用回风巷,并能贯穿整个采区;所有采掘工作面回风均能引入专用回风大巷,分别经31风井和东风井排出地面。

通风设施按突出矿井标准构筑,采用砖、水泥、沙砌筑,墙体厚度均不小于800 mm。风门门框采用14号槽钢,门板采用8 mm厚的钢板,和墙体接触的左右两侧只有3个同规格加强装置砌入墙体内。设施牢固、可靠。局部通风机全部采用压入式,掘进工作面局部通风机全部实现"双风机,双电源、三专两闭锁、自动倒台"。风筒分ϕ600 mm、ϕ800 mm两种,为双抗软质风筒,风筒具有"MA"标志,且阻燃抗静电。

(3)山西亚美大宁能源有限公司

大宁一号井位于山西省晋城市阳城县境内,工业场地在阳城县北约16 km处,井田东西长5~12 km,南北宽4~6 km,面积38.829 3 km²。

矿井采用单一水平对3号煤层进行开采,水平标高在+485 m左右,全矿共包括5个采区。目前,一采区已经基本采完,正在掘进二采区的原设计巷道。矿井的采煤方法为盘区、长壁后退式综采,一次性采全高,使用全部垮落法管理顶板。

目前矿井通风方式为分区式,主要通风机型号为BDK-10-No.40,矿井的总回风量最大可达到26 974 m³/min。根据2012年山西煤矿设备检测中心瓦斯等级鉴定结果,矿井瓦斯涌出中绝对量高达350.15 m³/min(矿井抽采量较大,其中抽放量为263.89 m³/min),相对量为47.76 m³/t,属于高瓦斯矿井。

3.2.2 目标矿区煤层基本参数测试分析

3.2.2.1 煤破坏类型现场观测

新登煤业与超化煤矿煤样均采于二₁煤层,根据采样现场实地观测,新登煤业二₁煤节色泽亮与半亮,节理、劈理面平整,坚硬,用手难以掰开,应属于Ⅰ类、Ⅱ类破坏煤。超化煤矿二₁煤构造煤普遍发育,二₁煤节理面有节理不清成粘块状,小片状构造、细小碎块,层理较紊乱无次序,硬度低,用手极易剥成小块中等硬度或者用手能捻之成粉末,煤的破坏类型一般达到Ⅲ~Ⅳ类,个别地区达到Ⅴ类,为典型的豫西地区"三软"不稳定突出煤层;大宁煤矿的煤样来源于3号煤层,3号煤层普遍上部坚硬下较松软;在煤层的中上部,煤体光泽度高,一般较明亮,并且呈现不规则块状,节理以及次生节理普遍较发育,煤体层理十分清晰,块度断口呈现参差多角形状,煤质相对坚硬并且难以用手掰开,应属于Ⅰ类、Ⅱ类破坏煤;大部分情况下,煤层下部赋存有一层软煤(构造煤),厚度在0.2~0.8 m之间,局部地带(特别是地质构造带附近)厚度能达到1.0之上,这些区域的构造煤呈粒状,甚至局部地区呈土块状,捻之易成粉煤状,多数属于Ⅲ类破坏煤,个别属Ⅳ类破坏煤(煤的破坏类型分类见表3-3)。

表 3-3 煤的破坏类型分类表

破坏类型	光泽	构造与特征	节理性质	节里面性质	断口性质	强度
Ⅰ类 (非破坏煤)	亮与半亮	层状构造、块状构造,条带清晰明显	一组或二三组节理,节理系统发达,有次序	有充填物次生面少,节理、劈理面平整	差阶状,贝壳状,波浪状	坚硬,用手难以掰开
Ⅱ类 (破坏煤)	亮与半亮	1. 尚未失去层状,较有次序; 2. 条带明显有时扭曲,有错动;3. 不规则块状,多棱角; 4. 有挤压特征	次生节理面多、且不规则,与原生节理呈网状节理	节理面有擦纹、滑皮,节理平整,易掰开	参差多角	用手极易剥成小块中等硬度
Ⅲ类 (强烈破坏)	半亮与半暗	1. 弯曲呈透镜体构造; 2. 小片状构造; 3. 细小碎块,层理较紊乱无次序	节理不清,系统不发达,次生节理密度大	有大量的擦痕	参差及粒状	用手捻之成粉末,硬度低
Ⅳ类 (粉碎煤)	暗淡	粒状或小颗粒胶结而成形似天然煤团	节理失去意义,呈黏块状		粒状	用手捻之成粉末,偶尔较硬
Ⅴ类 (全粉煤)	暗淡	1. 土状构造似土质煤; 2. 如断层泥状			土状	可捻成粉末,疏松

3.2.2.2　煤样基础参数实验

从上述 4 对目标矿井采集实验所需的煤样,如图 3-1 至图 3-4 所示,并对煤样的基础参数进行测试,实验测试参数主要有:煤的普氏系数(f 值)、瓦斯放散初速度(Δp)、真密度($TRD,\mathrm{g/cm^3}$)、视密度($ARD,\mathrm{g/cm^3}$)以及孔隙率($K_1,\%$)。测试工作在河南工程学院煤矿灾害预防与控制实验室进行,测试结果见表 3-2。

图 3-1　新登煤业煤样

图 3-2　超化煤矿煤样

(1)煤的普氏系数(f 值)

坚固性系数(f 值)的测定采用国内常用的落锤法,计算出煤的坚固性系数[120-121]:

图 3-3　大宁煤矿硬煤样　　　　　　　　　图 3-4　大宁煤矿软分层煤样

$$f = \frac{20n}{L} \tag{3-1}$$

式中　f——坚固性系数；

　　　n——冲击次数，次；

　　　L——计量尺读数，mm。

① 把采回的煤样用小锤砸成块度为 20～30 mm 的小块，用孔径为 20 mm 和 30 mm 的分样筛筛选出 20～30 mm 的煤粒，然后称取制好的煤样每 50 g 一份，5 份一组，共称取 3 组。

② 将捣碎筒放置在水平水泥地上或适当厚度的铁板上，放入试样一份，把 2.4 kg 的重锤提升到 60 cm 高度，使其自由落下，每份冲击 3 次，5 份试样捣碎后倒在一起，然后倒入孔径 0.5 mm 的分样筛中，筛至不再有煤粉落下。

③ 将筛出的煤粉装入特制的圆柱形计量筒内，缓慢地插入活塞杆使之匀速下沉直至与量筒内的煤粉面相接触，待活塞杆静止保持平衡后，两眼平视读取活塞杆上的刻度，记为 L。

若 $L \geqslant 30$ mm，冲击次数定为 3，按以上步骤继续其他各组的测定；若 $L < 30$ mm，第一组试样舍弃，冲击次数改为 5，按上述步骤重新测定。

把相应数据代入式(3-1)即可得到 f 值，每种煤样分别测定 3 次，取其算术平均值。

对于取得的煤样颗粒达不到 20～30 mm 的，可采用粒度为 1～3 mm 的煤样，按照上述步骤进行测定，按下式计算：

当 $f_{(1-3)} > 0.25$ 时，

$$f = 1.57 f_{(1-3)} - 0.14 \tag{3-2}$$

当 $f_{(1-3)} \leqslant 0.25$ 时，

$$f = 1.57 f_{(1-3)} \tag{3-3}$$

式中　$f_{(1-3)}$——粒度为 1～3 mm 的煤样测得的坚固性系数。

（2）瓦斯放散初速度（Δp）

瓦斯放散初速度使用原煤炭科学院研究总院抚顺分院生产的 WT-1 型全自动瓦斯初速度测试仪进行[122-123]：煤与瓦斯突出形成的主要诱因与其本身的煤体特性有关，目前达成共识的两种原因是煤体强弱程度和煤体瓦斯放散能力。对于煤体强弱程度来说，突出可能性低的煤体强度会比较大，煤体抗破碎能力强，对突出的阻碍作用就大；反之，突出可能性高的煤体强度较弱,煤体抗破碎能力弱,难以阻止突出的发展。对于煤体瓦斯放散情况来说,突出开始阶段,煤体瓦斯放散量最多,突出时瓦斯很轻易带出煤体一起流出,突出可能性会比较大。反之,即便煤体瓦斯含量很大,如果瓦斯放散速度不大,这类瓦斯含量高的煤体相对也不易流出大量瓦斯,突出危险程度甚微[124]。这种装置乃是检测煤体本身的第二个诱因,煤体瓦斯放散能力一般是指煤体中瓦斯的放散初速度(ΔP)和煤样 1 min 内瓦斯扩散速度(ΔD)。煤体瓦斯放散初速度(ΔP)表示的是一标准大气压情况下首先吸附,再用毫米汞柱标示前后(45~60 s 与 0~10 s)瓦斯放散时的压力差。

① 煤样制作与测定。

a. 在工作面选取新暴露煤壁,按照煤体不同破坏程度分别采取,每份重量 0.5 kg。将煤样进行打碎处理并掺匀,把粒度大小合乎要求(规格:烟煤是 0.25~0.5 mm,无烟煤是 2~3 mm)的煤粉掺和搅匀,称量煤样每 3.5 g 一份。如果煤样比较潮,要进行风干,除去煤的外部含水情况。

b. 拧下测量仪瓶子下边的固定螺栓,把煤粉倒入。这里要加盖脱脂棉,以防脱气、充气过程中煤粉进入测量仪内。煤样瓶安装完毕,扶好,接着把锁紧螺栓拧紧。

② 测定步骤。

a. 开始测定时首先打开计算机电源,启动后再打开仪器电源与真空泵电源。

b. 按照 WT-1 监控系统软件提示的规定步骤进行测定。在测定过程中,煤样的脱气、充气及漏气检测必须达到规定时间。

c. 依次对每个煤样进行一次死空间脱气和向死空间放气的过程,同时动态地显示煤样的扩散速度曲线,自动保存测试结果,最后显示出来。

(3) 孔隙率

孔隙率的测定采用通过测定煤的真密度与视密度,进而间接计算出孔隙率[125-126]:

$$\varphi = \frac{TRD - ARD}{TRD} \times 100\% \tag{3-4}$$

真密度的计算公式为:

$$TRD^{2020} = \frac{m_d}{m_b + m_d - m_a} \tag{3-5}$$

式中　TRD^{2020}——20 ℃时煤的真密度,g/cm³;

　　　m_d——煤粉的质量,g;

　　　m_a——煤粉、浸润剂、蒸馏水和密度瓶的质量,g;

　　　m_b——浸润剂、蒸馏水和密度瓶的质量,g。

视密度的计算公式为:

$$ARD_{20}^{20} = \frac{m_1}{\dfrac{m_2 + m_4 - m_3}{d_s} - \dfrac{m_2 - m_1}{d_{wax}} \times d_w^{20}} \tag{3-6}$$

式中　ARD_{20}^{20}——20 ℃时煤的视密度,g/cm³;

　　　m_1——煤粒的质量,g;

　　　m_2——涂蜡煤粒的质量,g;

　　　m_3——涂蜡煤粒、十二烷基硫酸钠溶液和密度瓶的质量,g;

　　　m_4——十二烷基硫酸钠溶液和密度瓶的质量,g;

d_s——十二烷基硫酸钠溶液的密度,g/cm^3;

d_{wax}——固体石蜡的密度,g/cm^3;

d_w^{20}——20 ℃时蒸馏水的密度,g/cm^3。

① 真密度的测定。

a. 事先用 0.2 mm 的筛子筛取小于 0.2 mm 的一定量的各煤样的煤粉,置于干燥箱中干燥 1 h 以上,以备用。

b. 测定时,称取约 2 g 煤粉,记为 m_d。

c. 把称好的煤粉小心倒入密度瓶中,用移液管沿瓶壁加入 3 mL 浸润剂,以冲下粘在密度瓶内壁的煤粉,轻轻摇荡,使之混合均匀,放置 15 min,使之充分浸润,然后加入大约 25 mL 的蒸馏水,放在水浴锅中加热 20 min,以排出吸附的气体,之后加入新煮沸的蒸馏水至低于密度瓶口约 1 cm 处,冷却至室温,在 20±0.5 ℃的恒温箱中放置 1 h 以上,然后加入新煮沸并冷却的蒸馏水至瓶口,塞上密度瓶的瓶塞,使多余的水从瓶塞细管中溢出,用毛巾擦干密度瓶,立即称量密度瓶的质量,记为 m_a。

d. 空白值的测量:加入 3 mL 浸润剂,然后加入蒸馏水至瓶口处,塞上瓶塞,使多余的水从细管溢出,擦干密度瓶,立即称量,记为 m_b。空白值的测量应测量两次,两次差值不应超过 0.001 5 g,取其算术平均值。

② 视密度的测定。

a. 事先用 10 mm 的圆孔筛筛取 10~13 mm 的一定量的各煤样的煤粒,干燥 1 h 以上,以备用。

b. 测定时,把筛好的煤粒倒在塑料布上,从不同方位取 20~30 g,放在 1 mm 的方孔筛上,用毛刷刷去煤粉,称量筛上物的质量,记为 m_1。

c. 把称好的煤粒倒入网匙,浸入已加热到 70~80 ℃的石蜡中,用玻璃棒轻轻搅拌,至煤粒表面不再产生气泡,浸蜡时,石蜡的温度要控制在 60~70 ℃,然后取出网匙,把煤粒倒在玻璃板上,迅速用玻璃棒拨开煤粒,使之不相互粘连,冷却后,称其质量,记为 m_2。

d. 把浸蜡的煤粒倒入密度瓶中,加入十二烷基硫酸钠溶液至密度瓶约 2/3 处,轻轻摇荡,使涂蜡煤粒表面的气泡排尽,继续加浸润剂至低于瓶口约 1 cm 处,在恒温箱(20±0.5 ℃)中放置 1 h 以上,然后取出,加浸润剂至瓶口,塞上瓶塞,使多余的液体从细管溢出,擦干密度瓶,立即称其质量,记为 m_3。

e. 空白值的测量:加入浸润剂至瓶口处,塞上瓶塞,使多余液体溢出,擦干,立即称量,记其质量 m_4。测量两次,差值不超过 0.010 g,取其算术平均值。

表 3-4　　　　　　　　　　　　　　不同矿区煤样基本参数

煤样来源	普氏系数 (f 值)	煤的破坏 类型	瓦斯放散初速度 (Δp)	真密度 (TRD,g/cm^3)	视密度 (ARD,g/cm^3)	孔隙率 (K_1,%)
新登煤业 二$_1$煤	0.73	I、II类	8.5	1.541 1	1.358 7	13.424 6
	0.68		6.4	1.494 7	1.327 5	12.595 1
	0.82		7.2	1.546 8	1.341 1	15.338 2
	0.78		8.3	1.545 2	1.348 7	14.569 6

煤样来源	普氏系数 （f 值）	煤的破坏 类型	瓦斯放散初速度 （Δp）	真密度 （TRD，g/cm³）	视密度 （ARD，g/cm³）	孔隙率 （K_1，%）
超化煤矿 二₁煤	0.31	Ⅲ、Ⅳ类	28	1.566 9	1.502 8	4.265 4
	0.38		31	1.566 6	1.468 9	6.651 2
	0.41		27	1.556 8	1.447 8	7.527 9
	0.35		32	1.575 4	1.495 8	5.321 6
大宁煤矿 3 号煤（硬）	1.02	Ⅰ、Ⅱ类	5.8	1.636 8	1.442 5	13.469 7
	0.97		6.3	1.648 7	1.478 8	11.489 0
	0.82		7.2	1.671 8	1.534 2	8.968 8
	0.92		7.4	1.668 9	1.512 2	10.362 4
大宁煤矿 3 号煤 软分层	0.35	Ⅲ、Ⅳ类	27	1.543 2	1.452 8	6.222 5
	0.28		22	1.588 6	1.508 7	5.296 0
	0.38		19	1.566 8	1.465 8	6.890 4
	0.33		26	1.533 7	1.451 9	5.634 0

图 3-1 至图 3-4 上部为煤的块状形态，下部为手捻后煤的破碎情况，从图 3-1 至图 3-4 和表 3-4 煤的基本参数测试结果均可以看出，新登煤业二₁煤与大宁煤矿 3 号煤硬煤的普氏系数较大，煤的硬度大；超化煤矿二₁煤与大宁煤矿 3 号煤软分层普氏系数较小，煤松软易碎。

3.2.3 孔隙率与煤体坚固性系数的关系

根据表 3-4 煤样基本参数实验室测试结果，将每个煤样的孔隙率（K_1）与普氏系数（f）的关系进行对比，做成对比关系曲线图（图 3-5）。

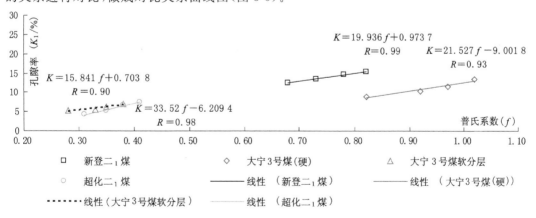

图 3-5 不同类型煤体的 f 值与孔隙率的变化关系

通过图 3-5 可以看出：

① 对同一个矿井的煤样而言，其孔隙率（K_1）呈现随着普氏系数（f）值的增加而呈现增大的趋势。这是由于在煤系地层中的同一地点，煤体经受的成煤历史时期以及煤化过程都

相同,煤的变质程度也几乎相同,其所承受的地应力条件也是相同的,那么在同等地层压力的条件下,坚固程度较小的煤(普氏系数小),所能承受的地层压力就越小,就越容易被压密致实,进而导致孔隙数量变得就越少;相反,坚固程度较大(普氏系数大)的煤体在与较软的煤体承受同等压力的情况下,其所能保持原有骨架的能力就越强,越不容易被压实,其原生的孔隙和裂隙就保持的越好,所以坚固性系数大的煤体孔隙就相对较多。

② 不同类型的煤体,其孔隙率随 f 值增大的增幅不同。这是由于不同类型的煤体所处的地质条件不同所造成的。

孔隙率随 f 值的变大而增幅较小的煤体,总体孔隙率有的较低、有的较高,两者情况有所不同:对于像超化煤矿二₁煤孔隙率普遍较低的煤体来说,主要原因是煤体所处的围岩透气性较好,以及煤化作用过程中煤体本身的总体透气性也较好,煤体在承受地层压力而压密的过程中,其孔隙气逐渐运移出去,致使 f 值的差别即便较大,也会出现孔隙率变化不大,且孔隙率普遍较低的情况,另外,对于透气性较好中等变质程度的煤体,其孔隙率在低、中、高变质程度的煤中是最小的,也是致使孔隙梯度变化不大、总体孔隙率较低的原因;对于像大宁煤矿 3 号煤总体孔隙率较大的煤体来说,是由于围岩透气性较差,煤体性质决定其本身的透气性也相当差,致使产生的气体难以运移出去,产气在煤体之间的运移也非常困难,造成气体在产气煤体微粒附近聚积,孔隙率普遍较高,梯度变化不大[127]。

孔隙率随 f 值的变大而增幅较大的煤体,是由于围岩的透气性较差,煤化作用产气过程中,气体只能在临近区域的软硬煤之间进行微弱的运移,尽管软硬煤之间的运移比较微弱困难,煤层总体透气性较差,但在长期的地质时期,煤层受压,软煤容易被压缩,硬煤相对难于压缩,为达到孔隙气压平衡,孔隙气从软煤运移至硬煤,导致软煤孔隙越来越少,硬煤孔隙相对保持的较完好,造成软硬煤之间孔隙率差别较大。

③ f 值相近的不同类型的煤体,其孔隙率不存在一定的可比性。究其原因,不同类型的煤体,即便 f 值相同,但是煤的种类不同,煤的变质程度不同,煤化作用不同,所处地质环境不同,种种不同原因导致不同类型的煤体孔隙率不存在可比性。f 值相同的不同类型煤体,其孔隙率大的原因是围岩的透气性较差,煤化作用产生的气体总体难以运移出去,造成总体孔隙率较大,局部的孔隙体积也会相应较大;反之,f 值相同的不同类型煤体,孔隙率小的原因是围岩及本身的透气性较好,在长期的地质历史时期产生的气体逐步运移出去,总体孔隙含量变少,局部孔隙的体积也会相应变小。另外,对于孔隙率相近的不同类型的煤体来说,f 值较大的煤体,其生物成因与热成因的内生孔保持的较好;f 值较小的煤体,是后期的地质构造所致,煤体结构遭受地质作用而发生破坏,外生孔隙发育较多[128-129]。

3.3　煤体原始煤样采集及试件制作

实验所用的煤样可以分为型煤煤样及原煤煤样。型煤是通过将原煤块磨碎成一定粒度的小颗粒并加入一定量的黏结物质加工成型而得到的;原煤煤样是通过岩心钻取芯直接取得或者是用井下取得的原煤机械加工成预先设计好的一定规格的煤样[130]。硬度较大的原煤煤样一般可使用岩心钻取芯法直接制作;但是在形成过程中受到强烈地质构造作用、松软易破碎、强度较低的构造软煤原煤样制作难度较大,很难直接制取。因此,有关文献报道中对构造软煤的研究大多数采用型煤煤样[131]。

但是在型煤的加工过程中,煤样原有的孔隙及裂隙结构遭到了严重破坏,甚至煤样的原有裂隙及孔隙会由于型煤成型过程中的压实作用而消失,因而同一矿井的型煤与原煤在结构特征上存在较大差异,型煤煤样很难真实反映煤体的实际特征。比如在瓦斯渗透性实验研究中,型煤只能研究其大致的变化规律[132-134];在煤样试件高压水载荷下的压裂实验中,型煤也不能较真实地反映压裂的效果,为了更加精确地反映不同煤体的瓦斯渗透规律及压裂过程前后渗透率的变化规律,应采用更能真实反映煤体特征的原煤煤样作为研究对象。

由于岩心钻在取样时会存在一定的震动,加之构造软煤松软易碎,会导致取出来的煤样断裂甚至破碎,无法得到完整的原煤煤样。因此,松软易破碎原煤样采用取芯制取较难实现[135]。经过尝试,采用"二次成型法"通过现场原煤样采集及实验室机械加工两个步骤成功地制作了本实验所需的原煤样试件。同时,为了使得实验结果具有一定的可比性,硬度相对较大的原煤煤样的采集也使用该方法进行。

3.3.1 松软易破碎煤体原煤样采集及试件制作

松软易破碎原煤煤样的制取可采用"二次成型法":① 在井下采集形状相对规则、块度较大的煤块并运至地面;② 对选取的构造软煤煤块按照设计煤样试件进行机械加工成型。

实验过程中,煤样试件的高径比会由于外界应力的加载而导致应力的分布形式发生改变,大量的实验研究表明:实验试件较合理的高径比至少应为 2∶1,理想的高径比范围为 2～2.5, ISRM(国际岩石力学学会)建议的高径比为 2～2.5,原煤炭工业部的实验规程规定高径比为 2。本实验方案中煤样试件为圆柱体,直径为 50 mm,高度为 100 mm,高径比为 2∶1,高径比符合要求。

(1)大块度煤的采集

由于构造煤松软破碎,而且煤矿井下活动空间范围极其有限,许多工具的使用受到制约,因而在煤矿井下取得大块度原煤难度较大。在前人研究的经验的基础上,经过尝试,选用锯槽加框浇筑法取样。

块度煤样采集前需要的材料及工具主要有:

① 手锯:为了井下使用时稳定性好,手锯锯片应尽可能宽,硬度尽可能大(图 3-6)。

图 3-6 高强度手锯

② 铁皮方框:煤块尺寸越小,锯取时破碎的可能性越大,块度过大,井下制取与搬运难度较大。经过尝试,选取边长为 20 cm 的煤块方体较合适。为了制取方便,设计、加工了边

长与高度均为 220 mm 的铁皮方框,铁皮厚度为 1 mm 左右,铁皮焊接后在接口处打磨,最终成型(图 3-7)。

(a)　　　　　　　　　　　　　　(b)

图 3-7　加工好的铁皮方框图

③ 浇筑材料选择:通过对 AB 胶(聚氨酯)、石材胶黏结剂、ABS 胶水、704 硅胶等多种材料的尝试对比,最终确定选用聚氨酯作为填充胶接材料。主要原因在于聚氨酯流动性较强,且反应时间较短,操作方便,且其凝固后强度相对不大,能较容易地将煤块从铁皮方框中取出。

煤块采取步骤如下:

① 在新揭露煤层上选择受采动影响相对较小的煤体地质单元,用铁锹等工具轻轻地将上部的煤体清除掉使其留出一个台阶,尽量不破坏煤体的赋存状态。使用手锯将煤体台阶上的煤处理平整,选取层理相对较均匀不存在明显裂隙的区域,用白色粉笔标示出一个正方形,正方形的边长为 20 mm,然后用手锯沿着标示线轻轻切锯,切锯深度在 20 mm 以上,切锯前在锯条表面敷涂一层不具有渗透性的软滑油以减少锯割时对煤体的损伤。

② 锯切成一个完整的方体煤块后,清除锯槽里面的煤屑(如锯切过程中煤体破裂需重新进行),将加工好的铁皮方框罩住煤块,勾兑聚氨酯,均匀搅拌后在浇筑在铁皮方框与煤体间的缝隙中。

③ 一段时间待聚氨酯凝固后,用手锯缓慢地将煤体底部进行切割,切断后小心地从煤层上取下,将其运至地面并进行蜡封,为了减少煤的风化,可将塑料薄膜罩于煤块四周。将煤块装箱后用锯末填充以减少运输过程中的震动破坏,将其运至实验室。从试验矿井取得的大块度煤体如图 3-8 所示。

(2)煤块的机械加工成型

煤块需要加工成标准试件才能进行实验研究,如果使用取芯机进行钻取,由于取芯过程中振动较大,同时还需要水流过煤体进行排渣,这势必造成煤块的破碎,导致取样的失败,经过多次尝试,可按照下列步骤进行:

① 紧挨铁皮方框用钻具在聚氨酯层钻孔,使细小的钢丝锯条穿过钻孔并固定在锯弓上拧紧。沿着聚氨酯层缓缓地锯切一周,将煤块与铁皮方框之间的聚氨酯去掉。

② 取下铁皮方框,缓慢地将煤块锯切成长方体(100 mm×100 mm×150 mm),最后磨平两端。为防止煤样破裂,锯切、打磨操作过程尽可能保持平稳。

③ 将方体试件在 SHM-200 型双端面磨石机上进行打磨,打磨时采用干磨的方法并匀

(a) (b)

(c) (d)

图 3-8 大块度原煤方体
(a) 新登煤业二₁煤;(b) 大宁煤矿 3 号煤硬煤;
(c) 超化煤矿二₁煤;(d) 大宁煤矿 3 号煤软煤

速缓慢进行,对煤样进行固定时要在煤样被加持的侧面铺垫胶皮,以防试件过渡受压。

④ 锯掉长方体煤块四个楞角,使之成类圆柱形,用砂布将类圆柱形试件的凸棱进行打磨使之尽量圆滑,此时煤样基本接近圆柱体。由于打磨摩擦会使试件部分脱落,打磨后的试件尺寸会变小。用不锈钢加工一个上下都可以开口的、内径为 50 mm、高 110 mm 的圆柱体模具(图 3-9),将试件放入其中。选择充填材料将其补充成标准煤样试件($\phi50$ mm×100 mm)。

图 3-9 不锈钢圆柱体

填充材料必须满足以下要求:

① 填充材料凝固后硬度不能有太大,要富有弹性,以避免在轴压加载期间影响煤样受力和煤样内部的空隙分布,影响煤样的渗透率。

② 填充材料必须具有一定的黏结性,能紧紧地粘在煤样上,这样能使煤样在模具中经

过浇注固化后成为圆柱体。

③ 填充材料必须能粘住煤样,而对模具不具黏结性,这样煤样试件能轻松地从模具里取出来。

④ 填充材料在常温下可以凝固并且凝固时间不能太长(在暴露条件下凝固时间不能超过三天),时间越长松软煤体损坏的概率越大。

经过查阅大量相关资料后,最终选用硅酮酸性玻璃胶作为充填材料。酸性硅酮玻璃胶是一种单组分酸性固化密封胶,使用方便、表干快、无垂流,在各种气候条件下都可以使用,凝固后弹性良好,与煤样的黏结性好,但与不锈钢材料不具黏结性。

⑤ 将浇筑后的模具置于阴凉干燥的空间内,待硅酮酸性玻璃胶凝固后(一般 2~3 d),去掉模具的顶、底盖,将煤样小心翼翼地推出模具。用粗糙型砂布打磨掉试件残留胶体,标准的松软原煤煤样制作成功(图 3-10)。

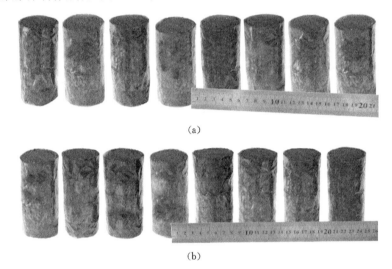

(a)

(b)

图 3-10 松软煤原煤样

(a) 超化煤矿二₁煤;(b) 大宁煤矿 3 号煤软分层

3.3.2 硬煤原煤样采集及试件制作

尽管硬煤原煤煤样使用岩心钻取芯较容易获得,但为了便于与构造软煤原煤样进行对比,采用与构造软煤原煤煤样相同的二次成型法制作了硬煤煤样(图 3-11)。

通过松软易破碎煤体与硬煤煤样的制作过程可知,前者制作要比后者困难很多,煤块井下的采集、运输以及实验室标准试件的加工,每一步的成功率都很低,并且费时、费力、费料。从井下用铁皮方框完好取下煤块的成功率约为50%,用大块度煤体制取规则长方体煤样的成功率约为60%,用硅酮型玻璃胶固化成标准试件的概率约为20%。但是硬煤煤样试件的制取成功率相对要高得多。

从井下采集的大快度煤体及标准试件的制作过程可以看出,软煤表面暗淡无光,层理较紊乱且排列无次序,节理不清系统不发达,存在有大量擦痕,这充分说明构软煤在成煤过程中受到过强烈地质作用的破坏;硬煤则色泽光亮,层理较清晰。在煤样试件的加工过程中,

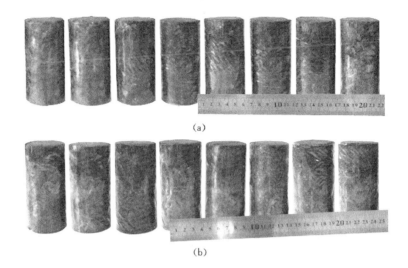

图 3-11　硬煤原煤样

（a）新登煤业二₁煤；（b）大宁煤矿 3 号煤（硬）

软煤煤样产生的煤屑要比硬煤多出很多，另一方面也说明了软煤煤样结构的易碎性。

特别是构造软煤经历过一期甚至更多期地质构造应力作用，煤体发生了破碎甚至强烈的韧塑性变形及流变迁移，其内部原生结构和构造都发生过不同程度的脆裂、破碎、韧性变形或叠加破坏甚至内部化学成分和结构发生了变化。松软破碎煤体湿度小、层理较紊乱、力学强度较低，将其制成煤样难度很大，因此，使用松软煤体试件难以进行大量重复的实验。由于煤岩体受组成成分以及受各种地壳运动、地质变迁和自然作用等多种因素的影响，其内部所包包含的孔隙、裂隙、裂纹等差异性也很大，这势必导致煤体的物理力学及非力学性质具有较大差异。为减小因煤样差异而导致的实验数据的离散，所取大块煤尽量取自同一煤层（比如：大宁煤矿的硬煤及软煤煤块）。

3.3.3　两种煤样的电子扫描图

为了更好地观察煤样的内部裂隙孔隙结构的差异，利用 JSM-6390LV 钨灯丝数字化扫描电镜分别对大宁煤矿的硬煤与软煤进行了电子扫描（图 3-12、图 3-13）。

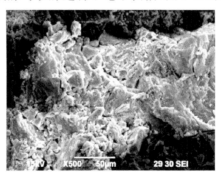

图 3-12　软煤原煤样电子扫描图

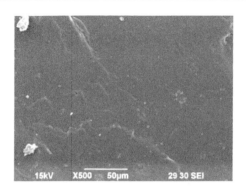

图 3-13　硬煤原煤样电子扫描图

从上述两图可以看出:软煤在形成过程中受到过强烈地质作用的严重破坏,其内部孔隙、裂隙发达,而硬煤由于在成煤过程中受地质作用破坏的程度相对较小,其内部裂隙孔隙结相对来说也不发育,并且从硬煤原煤样的电子扫描图可以看出,硬煤内部的空隙以微小孔为主,而软煤内部的中孔、大孔等瓦斯易于流动的通道要比硬煤多得多。

煤矿瓦斯抽采的实际情况证明,一般情况下软煤的渗透率要比硬煤低得多,这与上述观点相驳,其主要原因在于围压增加对软煤瓦斯渗透性的影响要远远大于其对硬煤原煤样的影响,软煤在漫长的形成过程中,地质作用使其内部发育了大量裂隙结构,而硬煤内部裂隙结构比构造煤少很多,主要是以微孔、小孔、中孔、大孔等孔隙结构居多。内部孔裂隙结构在围压的作用下较孔隙结构更容易发生闭合,因而在增加围压时,更容易造成软煤瓦斯渗透率的显著减小;而硬煤煤样渗透率受其影响较小,而且其承受围压能力要比软煤强很多,在增大相同围压时硬煤煤样的瓦斯渗透率的减小量就要比软煤小很多。因此煤矿井下的煤体由于垂直与水平地应力的存在,使得软煤的瓦斯渗透率较同一煤层的硬煤小。

3.4　本章小结

① 对同一矿井的煤样而言,孔隙率(K_1)随着普氏系数(f)值的增加具有增大的趋势。不同类型的煤体所处的地质条件不同造成了孔隙率随 f 值增大的增幅也有很大的差异。

② 原煤煤样较型煤更能精确地反映不同煤体的瓦斯渗透规律及压裂过程前后渗透率的变化规律,尽管构造软煤原煤样制作较难,但采用"二次成型法"可以成功制作。煤的硬度越大其原煤煤样试件的制作成功率越高,反之越低。一般而言,用手捻之成粉末状的Ⅳ、Ⅴ类全粉煤制作成功的概率更低。

4　高压水作用下煤体破裂过程及瓦斯渗流特性实验研究

本章利用自行设计、改装的高压水载荷下煤样瓦斯渗流实验装置对不同矿井的两种典型原煤煤样在高压水、变轴压及围压综合作用下的破裂过程进行了模拟实验,得出了两种原煤煤样的裂隙产生、扩张、衍生及发展随水压加载时间的变化规律;同时考察了两种煤样的起裂压力与所受载轴压、围压的关系,即煤样破裂的水压临界条件(包括煤样的起裂与完全破裂压力);考察了两种原煤煤样在高压水加载前后的渗透特性变化规律,比较了煤样试件在水压加载前与水压加载后渗透率的大小变化并分析了影响渗透率变化的因素。

4.1　实验方案及步骤

本实验方案主要有四个实验目的:① 高压水加载前,测试一定围压及轴压综合作用下两种典型含瓦斯原煤样(硬煤及软煤)的瓦斯渗透率;② 一定围压及轴压综合作用下两种含瓦斯原煤样试件在高压水作用下的破裂过程分析,破裂过程主要是通过计算机采集泵注压力随时间的动态变化数据并进行综合分析得知;③ 高压水加载下,两种煤样试件破裂的水压临界条件确定,主要包括试件的起裂压力和完全破裂压力;④ 高压水对原煤煤样试件压裂后,测试一定围压及轴压综合作用下含瓦斯原煤样试件的渗透率,并对压裂前后的渗透率进行比较,以反映压裂的效果。

4.1.1　煤样试件加载轴压与围压关系

原岩应力场是地应力场的主要组成部分,它的产生原因极其复杂,主要与地壳的各种运动相关。原岩应力场主要包括自重应力场与构造应力场,自重应力场中垂向应力(自重应力)基本上等于单位面积上覆岩体的重量,两个水平方向的主应力(水平自重应力)与垂向主应力有下列关系[137-138]:

$$\sigma_z = q_0 = \gamma H \tag{4-1}$$

$$\sigma_x = \sigma_y = \lambda \sigma_z = \lambda \gamma H \tag{4-2}$$

$$\lambda = \frac{\nu}{1-\nu} \tag{4-3}$$

式中　σ_z——垂向主应力;

σ_x,σ_y——分别为水平方向的主应力;

γ——上覆岩层的平均重度;

H——研究点距地表距离,即埋深;

λ——侧应力系数；

ν——岩(煤)层的泊松比。

煤岩体所处的自重应力场具有如下特点：① 垂直应力总是大于水平应力；② 水平方向的两应力相等；③ 坚硬岩(煤)层的泊松比小，水平自重应力也相应较小，反之松软岩(煤)层的泊松比大，其水平自重应力也相对较大；④ 自重应力与上覆岩层的厚度呈线性比例关系。另外，原岩应力场中的构造应力场由于煤矿开采造成的采动应力场及支护应力场在很大程度上影响着井下煤体的垂直应力与水平应力的大小分布[139-140]。

岩石在受轴向压缩时(单轴或三轴实验)，在弹性变形阶段，横向应变与纵向应变的比值就是泊松比，研究表明[141-142]：砂岩的泊松比为 0.13～0.32，泥岩在 0.25～0.40，钙质泥岩为 0.32～0.43，而煤层的泊松比为 0.33～0.49。完全塑性的流体，柏松比为 0.5，高脆性的材料泊松比接近于 0。

本实验方案假设试件只受自重应力场的影响，压裂实验过程中需对煤样试件进行轴压与围压的加载，设加载的轴压与围压分别为 σ_1、σ_2、σ_3、由式(4-3)可知 $\sigma_2 = \sigma_3 = \sigma_1 \nu / (1-\nu)$。由上述分析可知，煤的泊松比在 0.33～0.49 之间，为了方便模拟实验压力的加载，此处取所有煤样试件的泊松比为 0.4，那么有 $\sigma_2 = \sigma_3 = 2\sigma_1/3$，即 $\sigma_1 = 1.5\sigma_3 = 1.5\sigma_2$。也就是说对试件加载的轴压为其围压的 1.5 倍。

4.1.2 煤渗透性的实验室测定方法

实验过程中流量计自动采集通过煤样试件的瓦斯流量，编制的计算机程序自动完成瓦斯流量到渗透率的换算，换算依据见式(4-4)和式(4-5)。

国内外绝大多数专家学者认为瓦斯气体在煤层中的流动符合达西定律[143-146]。根据我国石油天然气行业标准发布的《岩心常规分析方法》(SY/T 5336—1996)，在实验室中测定煤样的渗透率可以采用达西定律的稳定流动计算模型来实现[148-151]。

$$\begin{cases} q = -\dfrac{K}{\mu} \cdot \dfrac{\partial p}{\partial x} = -\dfrac{K}{\mu}\dfrac{p}{p_n}\dfrac{\partial p}{\partial x} = -\dfrac{K}{2\mu p_n} \cdot \dfrac{\partial P}{\partial x} = -\lambda\dfrac{\partial p}{\partial x} \\ \lambda = \dfrac{K}{2\mu p_n} \end{cases} \tag{4-4}$$

式中 q——瓦斯流速，cm/s；

$\dfrac{\partial p}{\partial x}$——压力梯度，MPa/cm。

据式(4-4)得出煤的渗透率计算公式：

$$K = \frac{2Q_0 P_0 \mu L}{(P_1^2 - P_2^2)A} \tag{4-5}$$

式中 K——渗透率，mD；

Q_0——渗透量，cm^3/s；

P_0——测点大气压力，MPa；

μ——气体动力黏性系数，取 10.8×10^{-6} Pa·s；

P_1——进口气体压力，MPa；

P_2——出口气体压力，MPa，本实验过程中由于试件出口为测点的大气压，故 $P_2 = P_0$；

A——试样的截面积，cm^2；

L——试件长度，cm。

从上述渗透率计算公式可看出，通过煤样试件的瓦斯流量是渗流实验中需要采集的主要数据，从上部通入煤样试件的高压瓦斯气体压力及从下部流出煤样的瓦斯气体压力对瓦斯渗透率的计算结果同样具有重要影响。与此同时，瓦斯渗透率的数值还与煤样试件自身的规格（主要指试件的横截面积及试件的高度）有关[152]。

4.1.3　实验方案

根据实验的四个目的，本章实验有三套方案：① 高压水加载前，测试一定围压及轴压综合作用下含瓦斯原煤样的瓦斯渗透率；② 不通入瓦斯气体的情况下，对每个原煤煤样试件进行高压水加载并记录泵注压力随加载时间的变化；③ 负压泵抽出煤样试件裂隙内的水分后分别通入一定的瓦斯压力（0.4 MPa、0.6 MPa），测试煤样试件的渗透率。

（1）高压水加载前渗透率实验方案

实验过程中分别设定煤样试件的围压 σ_2 为 2 MPa、3 MPa、4 MPa，向试件加载的轴向压力 σ_1 分别为 3 MPa、4.5 MPa 及 6 MPa（$\sigma_1 = 1.5\sigma_2$），应力状态一定条件下分别对每个煤样试件充入高压瓦斯气体进行渗透率测试，瓦斯气体压力 p 分别为 0.4 MPa 和 0.6 MPa。

实验方案如表 4-1 所示。由表可以看出，渗透率测试需要每个煤矿的原煤煤样试件为3 个，整个实验过程共需 4 个煤矿的原煤样 $4 \times 3 = 12$ 个（新登煤业 YXD1～YXD3 煤样试件，大宁煤矿硬煤 YDN1～YDN3 试件，大宁煤矿软分层 RDN1～RDN3 试件，超化煤矿RCH1～RCH3 试件。其中，YXD1 代表新登煤业 1 号硬煤煤样试件，YDN1 代表大宁煤矿1 号硬煤煤样试件，RDN1 代表大宁煤矿 1 号软煤煤样试件，RCH1 代表超化煤矿 1 号硬煤煤样试件）。

表 4-1　　　　　　　　　　　高压水加载前渗透率测试实验方案

煤样来源	煤样试件编号	围压 σ_2/MPa	轴压 σ_1/MPa	瓦斯压力 p/MPa	煤样来源	煤样试件编号	围压 σ_2/MPa	轴压 σ_1/MPa	瓦斯压力 p/MPa
新登煤矿	YXD1	2	3	0.4	大宁煤矿（软）	RDN1	2	3	0.4
				0.6					0.6
	YXD2	3	4.5	0.4		RDN2	3	4.5	0.4
				0.6					0.6
	YXD3	4	6	0.4		RDN3	4	6	0.4
				0.6					0.6
大宁煤矿（硬）	YDN1	2	3	0.4	超化煤矿	RCH1	2	3	0.4
				0.6					0.6
	YDN2	3	4.5	0.4		RCH2	3	4.5	0.4
				0.6					0.6
	YXD3	4	6	0.4		RCH3	4	6	0.4
				0.6					0.6

（2）高压水加载实验方案

实验过程中分别设定煤样试件围压 σ_2 为 2 MPa、3 MPa、4 MPa,向试件加载的轴向压力 σ_1 分别为 3 MPa、4.5 MPa 及 6 MPa($\sigma_1=1.5\sigma_2$),应力状态一定条件下分别对每个煤样试件进行高压注水。为便于实验结果的比较,同一应力状态条件下要对同一煤的两个煤样试件进行压裂,实验方案如表 4-2 所示。由表可以看出,压裂实验需要每个煤矿的原煤煤样试件为 $3\times2=6$ 个,整个实验过程共需 4 个煤矿的原煤样 $4\times3\times2=24$ 个(新登煤业 YXD4～YXD6、YXD4′～YXD6′共 6 个煤样试件,大宁煤矿 3 号硬煤 YDN4～YDN6、YDN4′～YDN6′共 6 个煤样试件,大宁煤矿 3 号煤软分层 RDN4～RDN6、RDN4′～RDN6′共 6 个煤样试件,超化煤矿 RCH4～RCH6、RCH4′～RCH6′共 6 个煤样试件)。

理论分析和数值模拟均表明[153-155]:水力压裂时裂缝均产生于与最小主应力垂直的方向上。破裂压力的大小取决于最小主应力,本实验中对试件加载轴压等于 1.5 倍的围压,轴压始终大于围压。那么破裂压力主要取决于加载围压的大小(当注水压力 $p_\text{水}$ 克服煤样围压 σ_2 与煤的抗拉强度 σ_t 之和即 $p_\text{水}\geqslant\sigma_2+\sigma_t$ 时煤体开始被压裂)。

一旦煤样破裂,对于能被完全压裂的煤样而言,在高压水作用下,煤样内部裂隙会不断扩张与延伸,最终导致贯通的裂隙网络形成,注入的水量会沿着裂隙渗滤,因而注水压力很难进一步升高,此时持续注水 60 s 左右后,停止泵注;而对于不适宜压裂即易被高压水压实的煤样而言,在水压作用下,煤样内部较难产生贯穿的裂隙网络,泵入水量一段时间后高压水无处渗滤,从而造成泵注水压的不断攀升,此时维持泵注时间 60 s 左右,停止注水。泵注之前设定三轴应力实验装置信息采集系统数据存储时间为 5 s,即计算机对泵注压力的采集频率为次/5 秒。

表 4-2　　　　　　　　　　　　　　高压水加载实验方案

煤样来源	围压 σ_2 /MPa	轴压 σ_1 /MPa	试件编号	煤样来源	围压 σ_2 /MPa	轴压 σ_1 /MPa	试件编号
新登煤矿	2	3	YXD4	超化煤矿	2	3	RCH4
			YXD4′				RCH4′
	3	4.5	YXD5		3	4.5	RCH5
			YXD5′				RCH5′
	4	6	YXD6		4	6	RCH6
			YXD6′				RCH6′
大宁煤矿（硬）	2	3	YDN4	大宁煤矿（软）	2	3	RXd4
			YDN4′				RXd4′
	3	4.5	YDN5		3	4.5	RXd5
			YDN5′				RXd5′
	4	6	YDN6		4	6	RXd6
			YDN6′				RXd6′

（3）加载后渗透率测试实验方案

对每个煤样试件高压注水压裂结束,待实验设备的负压加载系统抽出试件内部裂隙内的水分后,在试件围压及轴压保持不变的情况下分别对试件充入 0.4 MPa 及 0.6 MPa 的瓦斯压力紧接着进行试件受压后的渗透率实验。该实验不再需新的煤样试件,实验方案参照表 4-3。

第一个实验目的(压裂前煤样试件的渗透率测试)可以通过方案①来实现,第二及第三个实验目的(煤样试件的破裂过程及破裂压力的临界条件)可通过方案②考察,第四个实验目的(煤样试件压裂后的渗透性变化)在方案②实施完毕后通过方案③来实现。

表 4-3　　　　　　　　　高压水加载后渗透率测试实验方案

煤样来源	围压 σ_2/MPa	轴压 σ_1/MPa	试件编号	瓦斯压力 p/MPa	煤样来源	围压 σ_2/MPa	轴压 σ_1/MPa	试件编号	瓦斯压力 p/MPa
新登煤矿	2	3	YXD4	0.4	超化煤矿	2	3	RCH4	0.4
				0.6					0.6
			YXD4′	0.4				RCH4′	0.4
				0.6					0.6
	3	4.5	YXD5	0.4		3	4.5	RCH5	0.4
				0.6					0.6
			YXD5′	0.4				RCH5′	0.4
				0.6					0.6
	4	6	YXD6	0.4		4	6	RCH6	0.4
				0.6					0.6
			YXD6′	0.4				RCH6′	0.4
				0.6					0.6
大宁煤矿(硬)	2	3	YDN4	0.4	大宁煤矿(软)	2	3	RXd4	0.4
				0.6					0.6
			YDN4′	0.4				RXd4′	0.4
				0.6					0.6
	3	4.5	YDN5	0.4		3	4.5	RXd5	0.4
				0.6					0.6
			YDN5′	0.4				RXd5′	0.4
				0.6					0.6
	4	6	YDN6	0.4		4	6	RXd6	0.4
				0.6					0.6
			YDN6′	0.4				RXd6′	0.4
				0.6					0.6

4.1.4　实验步骤

试验步骤如下:

① 将原煤样涂抹 704 硅橡胶后置入特制的圆柱形橡胶套中,然后将橡胶套放入烘干器

中加热膨胀,使煤样的四周与橡胶套壁尽量紧密接触;对煤样两端部平面密封处理(涂抹704硅橡胶),将橡胶套放入实验装置的夹持器中,用压头压好,关闭出气口,打开高压气瓶通入高压瓦斯气体,检验系统的气密性,如果在出气端没有瓦斯流量并且压力保持不变,说明系统气密性良好;如果有流量或者压力在减小则说明系统密闭性不好,需进行再次检测,仔细检查漏气源头,直至系统不再漏气为止。

② 气密性检测后,关闭出气口,接入真空泵对煤样进真空脱气12 h。

③ 打开高压瓦斯气体阀门,通入高压瓦斯至煤样使其吸附24 h,使煤样尽量吸附充分,达到吸附平衡。

④ 按照预定方案加载轴压、围压及调节通入原煤样的瓦斯压力,在此值处停留10 min左右,直至流量计读数稳定,记录实验数据。

⑤ 重复上述四个步骤,水压加载之前对原煤样在同一围压不同瓦斯气体压力条件下的渗透率进行测试。

⑥ 对多组煤样试件在不同应力状态条件下进行高压水加载,水压加载要匀速进行(通过调节计量泵上的流量控制阀门,控制泵注流量达到设计的数值),记录泵注压力随时间的动态变化数据以分析水压的破裂过程及水压破裂的压力临界条件。

⑦ 每个试件高压注水压裂结束后,保持试件加载的应力状态不变,待实验设备的负压加载系统抽出试件裂隙内的水分后重复实验步骤(1)～(4)进行该试件的渗透率实验(水压加载后渗透率测试)。

4.2 水压加载前煤样渗透特性实验

严格按照上述实验步骤及实验方案中的分组,测试高压水加载前通过原煤样的瓦斯气体流量。然后根据瓦斯渗透率的计算公式,计算机自动给出每个原煤样试件的瓦斯渗透率k,见表4-4。

表 4-4   水压加载前原煤样渗透率测试实验结果

煤样来源	气体压力 p/MPa	围压 2 MPa 下渗透率 k/mD	围压 3 MPa 下渗透率 k/mD	围压 4 MPa 下渗透率 k/mD
新登煤业二$_1$煤	0.4	0.132 13	0.093 11	0.078 34
	0.6	0.166 34	0.137 79	0.112 67
大宁煤矿 3 号煤(硬)	0.4	0.157 86	0.134 87	0.115 89
	0.6	0.201 21	0.174 58	0.157 41
超化二$_1$煤	0.4	0.065 98	0.046 01	0.036 71
	0.6	0.101 03	0.089 01	0.080 98
大宁煤矿 3 号软分层	0.4	0.112 45	0.074 57	0.046 01
	0.6	0.143 24	0.124 47	0.101 19

瓦斯压力 $p=0.4$ MPa,12 个原煤煤样在不同加载围压(σ_2)条件下的渗透率(k)如图 4-1(a) 所示;瓦斯压力 $p=0.6$ MPa,12 个原煤煤样不同加载围压(σ_2)条件下的渗透率

（k）如图 4-1（b）所示。

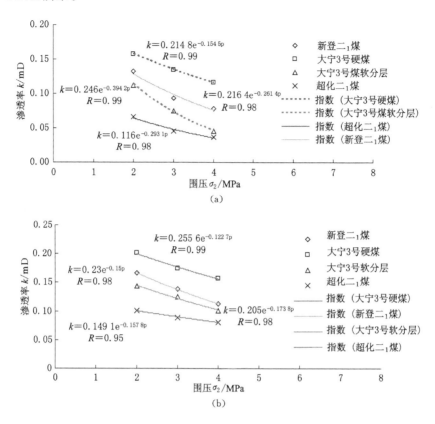

图 4-1　一定瓦斯压力条件下硬煤与软煤原煤样渗透率随围压变化曲线

（a）瓦斯压力 $p＝0.4$ MPa；（b）瓦斯压力 $p＝0.6$ MPa

由图 4-1 可以看出：一定瓦斯气体压力条件下，无论是硬煤还是构造软煤原煤样试件瓦斯渗透率都随着围压的增加而减小，且渗透率与围压较好的遵循幂指数函数规律，8 条指数函数曲线的相关系数均达到 95％以上。

煤样试件所处的围压增加其渗透率减小的原因可从两方面解释：① 煤样压密、压实，内部孔隙、裂隙闭合，孔隙、裂隙间及孔隙与裂隙之间的连通进一步堵塞，瓦斯的流动受阻；② 煤体承受破坏变形能力增加，新的孔隙、裂隙形成较难。

煤矿生产实际与该结论特别吻合。在煤矿现场，煤层承载的矿山压力相当于该实验中加载的轴压及围压，处于应力集中带的煤体所承受的矿山压力要远远大于非应力集中带的煤体所承受的矿压，应力集中区域煤体的透气性差，极易造成瓦斯富集，并且容易与相邻的非应力集中区域间形成较大的应力梯度。当煤矿开掘至此处时，容易诱发瓦斯突出事故。目前瓦斯治理的诸多措施中，提高低透气性煤层透气性系数的方法基本上都是通过卸压增透原理来实现的，比如水力冲孔、水力掏槽、高压水射流、水力压裂等。这些措施的目的就是将煤层的应力集中带通过卸压转换为非应力集中带，进而增加煤层透气性来降低突出危险性。

4.3 高压水载荷下不同类型煤体的破碎过程

4.3.1 新登煤业二$_1$煤高压水加载动态变化规律

按照实验方案②,一定应力状态条件下分别对新登煤业的 6 个煤样试件进行高压水加载,计量泵的流量控制在 1.0 mL/s 左右,观察并记录加载压力数据(表 4-5)。

表 4-5　　　　　　　　　　新登煤业二$_1$煤原煤样水压加载数据

加载时间 t/s	第一组			第二组		
	围压 2 MPa 下加载水压 $p_水$ /MPa	围压 3 MPa 下加载水压 $p_水$ /MPa	围压 4 MPa 下加载水压 $p_水$ /MPa	围压 2 MPa 下加载水压 $p_水$ /MPa	围压 3 MPa 下加载水压 $p_水$ /MPa	围压 4 MPa 下加载水压 $p_水$ /MPa
0	0.00	0.00	0.00	0.00	0.00	0.00
5	0.00	0.00	0.00	0.00	0.00	0.00
10	0.51	0.51	0.56	0.52	0.63	0.72
15	1.02	1.02	1.12	1.01	1.21	1.38
20	1.52	1.52	1.68	1.53	1.73	1.95
25	2.03	2.03	2.24	2.05	2.23	2.55
30	2.61	2.54	2.80	2.58	2.75	3.15
35	1.83	3.05	3.36	1.73	3.18	3.72
40	2.13	3.63	3.92	1.89	3.57	4.26
45	1.85	2.51	4.58	1.75	2.54	4.66
50	2.25	2.64	3.27	1.91	2.64	3.37
55	1.87	2.50	3.88	1.74	2.52	3.58
60	1.54	2.71	3.33	1.95	2.71	3.35
65	1.62	2.48	3.89	1.42	2.48	3.49
70	1.56	2.81	3.41	1.56	2.70	3.40
75	1.64	2.12	3.91	1.44	2.02	3.48
80	1.53	2.48	3.44	1.53	2.08	3.34
85	1.63	2.28	3.87	1.43	2.28	3.47
90	1.59	2.30	3.02	1.58	2.12	2.87
95	1.64	2.47	3.25	1.40	2.27	3.05
100	1.53	2.28	3.04	1.53	2.30	2.84
105	1.68	2.44	3.28	1.47	2.15	3.12
110	1.50	2.24	3.01	1.50	2.31	2.87
115	1.52	2.49	3.33	1.42	2.19	3.03
120	0.00	2.21	3.21	0.00	2.35	2.74

加载时间 t/s	第一组			第二组		
	围压 2 MPa 下加载水压 $p_水$ /MPa	围压 3 MPa 下加载水压 $p_水$ /MPa	围压 4 MPa 下加载水压 $p_水$ /MPa	围压 2 MPa 下加载水压 $p_水$ /MPa	围压 3 MPa 下加载水压 $p_水$ /MPa	围压 4 MPa 下加载水压 $p_水$ /MPa
125		2.25	3.38		2.15	3.08
130		0.00	3.18		2.14	2.68
135			3.41		0.00	3.01
140			3.24			2.84
145			3.28			2.90
150			0.00			0.00

根据表 4-5 中的高压水加载数据绘制出一定应力状态下煤样试件加载水压 $p_水$ 与加载时间 t 的关系曲线图(图 4-2)。

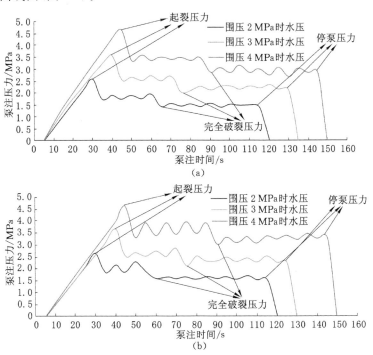

图 4-2　新登煤业二$_1$煤原煤样水压加载动态变化曲线图

(a)第一组；(b)第二组

由图 4-2 可以看出：

6 条煤样试件的泵注压力曲线走势基本一致，曲线大致分为 6 个阶段，泵压滞留阶段（压力为 0）、压力急剧上升阶段、起裂阶段、闭合—压裂交替阶段、完全破裂阶段以及停泵阶段。

① 计量泵开启的一段时间内,通过煤体试件内部裂隙及孔隙渗失的液体要大于注水量,尽管泵注已经开始,但是泵注压力没有数值,从图中 6 条曲线可以看出,该阶段时间很短,大概只有 5 s。

② 随着注水量的不断增加,试件内部小范围内的孔隙及裂隙空间被水充实,当注水量大于裂隙渗失量时,从电脑程序显示的数据来看,泵注压力直线攀升。

③ 泵注压力达到一定数值(煤体的起裂压力)时,在煤体内部产生初始裂缝,压裂液填充到压裂作用所形成的裂缝中(初始裂缝),泵注压力陡降。通过水力压裂理论分析可知,当泵注压力 $p_{水}$ 克服煤样围压 σ_2 与煤的抗拉强度 σ_t 之和即 $p_{水} \geqslant (\sigma_2 + \sigma_t)$ MPa 时煤体开始被压裂。从图 4-2 并结合表 4-5 可以看出,第一组实验数据中,围压 σ_2 分别为 2 MPa、3 MPa、4 MPa 条件下,3 个煤样试件的起裂压力分别为 2.61 MPa、3.63 MPa、4.58 MPa;第二组实验数据中,围压 σ_2 分别为 2 MPa、3 MPa、4 MPa 条件下,3 个煤样试件的起裂压力分别为 2.58 MPa、3.57 MPa、4.66 MPa。因此,可知 6 个煤样试件的抗拉强度分别为:0.61 MPa、0.63 MPa、0.53 MPa、0.58 MPa、0.57 MPa、0.66 MPa。起裂压力的大小只与试件所处的围压及其本身的抗拉强度有关。

第一组实验数据中,围压 σ_2 分别为 2 MPa、3 MPa、4 MPa 条件下,3 个煤样试件自泵注开始达到起裂压力的时间 t 分别为 30 s、40 s、45 s;第二组实验数据中,围压 σ_2 分别为 2 MPa、3 MPa、4 MPa 条件下,3 个煤样试件自泵注开始达到起裂压力的时间 t 分别为 30 s、40 s、45 s。可知试件达到起裂压力的时间长短只与煤样试件所处的围压有关,围压越大,时间越长,反之越短。

④ 由于泵注压力的突然下降,煤试件内裂缝扩展行为的动力源瞬间消失,裂缝延伸终止。随着高压计量泵内的液体被不断注入煤体内部并在裂缝中逐渐集聚,压力又慢慢恢复,随着注水的持续,当计量泵的注入压力再次达到煤体的破裂压力后,二次起裂开始形成,随着时间的延续,三、四次起裂甚至多次起裂接踵而至,裂缝随着注水时间的不断推移向前交替发展。

第一组实验数据中,围压 σ_2 分别为 2 MPa、3 MPa、4 MPa 条件下,3 个煤样试件自起裂开始,在闭合—压裂交替阶段所经历的时间 t 分别为 30 s、35 s、45 s;第二组实验数据中,围压 σ_2 分别为 2 MPa、3 MPa、4 MPa 条件下,3 个煤样试件自起裂开始在闭合—压裂交替阶所经历的时间 t 大致也分别为 30 s、35 s、45 s。

⑤ 一定注水时间后,高压水作用范围内压裂对象的裂缝体积和滤失量之和与泵注流量达到平衡,压力基本保持在一个恒定数值。此时,水压作用范围内的压裂对象完全压裂。该值称为完全破裂压力。6 个试件的完全破裂压力分别为 1.54 MPa、2.12 MPa、3.02 MPa、1.95 MPa、2.02 MPa、2.87 MPa,可以看出完全破裂压力也只与围压有关。

⑥ 维持完全破裂压力大约 60 s,关闭计量泵,注水停止,水力压裂结束。

4.3.2 大宁煤矿 3 号煤原煤样(硬)高压水加载动态变化规律

与新登煤样试件实验过程一样,在煤样试件一定应力状态条件下分别对大宁煤矿 3 号煤(硬)的 6 个煤样试件进行高压水加载,计量泵的流量控制在 1.0 mL/s 左右,观察并记录加载压力数据(表 4-6)。

表 4-6　　　　　　　大宁煤矿 3 号煤原煤样(硬)水压加载数据

加载时间 t/s	第一组			第二组		
	围压 2 MPa 下加载水压 $p_水$ /MPa	围压 3 MPa 下加载水压 $p_水$ /MPa	围压 4 MPa 下加载水压 $p_水$ /MPa	围压 2 MPa 下加载水压 $p_水$ /MPa	围压 3 MPa 下加载水压 $p_水$ /MPa	围压 4 MPa 下加载水压 $p_水$ /MPa
0	0.00	0.00	0.00	0.00	0.00	0.00
5	0.00	0.00	0.00	0.00	0.00	0.00
10	0.54	0.60	0.61	0.55	0.48	0.63
15	1.03	1.19	1.17	1.12	1.03	1.21
20	1.59	1.70	1.73	1.63	1.54	1.78
25	2.14	2.25	2.29	2.15	2.05	2.32
30	2.73	2.77	2.85	2.71	2.66	2.95
35	1.80	3.36	3.41	1.84	3.15	3.51
40	2.09	3.68	3.97	2.15	3.67	4.12
45	1.78	2.64	4.70	1.87	2.55	4.68
50	2.14	2.72	3.27	2.18	2.74	3.47
55	1.81	2.66	3.45	1.85	2.53	3.88
60	2.03	2.79	3.33	2.20	2.71	3.43
65	1.52	2.68	3.48	1.50	2.48	3.89
70	1.58	2.85	3.41	1.64	2.75	3.44
75	1.42	2.18	3.52	1.48	2.02	3.91
80	1.53	2.46	3.42	1.68	2.18	3.46
85	1.43	2.18	3.48	1.43	2.08	3.87
90	1.56	2.43	2.98	1.71	2.20	3.00
95	1.44	2.25	3.09	1.44	2.00	3.25
100	1.57	2.47	2.94	1.73	2.22	3.06
105	1.48	2.20	3.08	1.48	2.04	3.29
110	1.56	2.44	2.93	1.70	2.24	3.03
115	1.55	2.21	3.13	1.50	2.29	3.37
120	0.00	2.43	2.89	1.52	2.01	3.19
125		2.21	3.08	0.00	2.28	3.38
130		0.00	2.88		2.21	3.08
135			3.11		0.00	3.31
140			2.94			3.04
145			2.90			3.11
150			0.00			0.00

根据表 4-6 中的煤样水压加载数据绘制出大宁煤矿 3 号煤样(硬)试件加载压力 $p_水$ 与

加载时间 t 的关系曲线图(图 4-3)。

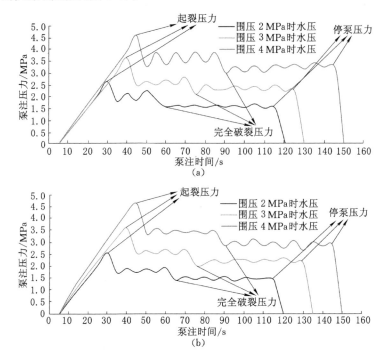

图 4-3　大宁煤矿 3 号煤原煤样(硬)水压加载动态变化曲线图
(a) 第一组;(b) 第二组

与图 4-2 一样,6 条泵注压力曲线随加载时间的走势基本一致,曲线大致分为 6 个阶段,泵压滞留阶段、压力急剧上升阶段、起裂阶段、闭合—压裂交替阶段、完全破裂阶段以及停泵阶段。

① 6 个煤样在第一阶段经历的时间大概只有 5 min。

② 随着注水量的不断增加,煤试件内部孔隙、裂隙空间被水充实,当注水量大于裂隙渗失量时,注水压力不断上升。

③ 从表 4-6 可以看出,第一组实验数据中,围压 σ_2 分别为 2 MPa、3 MPa、4 MPa 条件下,3 个煤样试件的起裂压力分别为 2.73 MPa、3.68 MPa、4.70 MPa,第二组实验数据中,围压 σ_2 分别为 2 MPa、3 MPa、4 MPa 条件下,3 个煤样试件的起裂压力分别为 2.71 MPa、3.67 MPa、4.68 MPa。因此,可知 6 个煤样时间的抗拉强度分别为:0.73 MPa、0.68 MPa、0.70 MPa、0.71 MPa、0.67 MPa、0.68 MPa。

④ 第一组实验数据中,围压 σ_2 分别为 2 MPa、3 MPa、4 MPa 条件下,3 个煤样试件自起裂开始,在闭合—压裂交替阶段所经历的时间 t 分别为 30 s、35 s、40 s;第二组实验数据中,围压 σ_2 分别为 2 MPa、3 MPa、4 MPa 条件下,3 个煤样试件自起裂开始在闭合—压裂交替阶所经历的时间 t 大致也分别为 30 s、35 s、40 s。

⑤ 6 个试件的完全破裂压力分别为 2.03 MPa、2.18 MPa、2.98 MPa、1.5 MPa、2.02 MPa、3.0 MPa。

⑥ 维持完全破裂压力大约 60 s,关闭计量泵,注水停止,水力压裂结束。

高压水载荷下新登煤矿二$_1$煤试件与大宁煤矿 3 号煤(硬)试件动态变化规律较一致,都经历了压裂的 6 个阶段,根据水压加载曲线分析可知,煤样试件都被高压水压裂。

4.3.3 超化煤矿二$_1$煤高压水加载动态变化规律

一定应力状态条件下,对超化煤矿二$_1$煤的 6 个原煤煤样试件进行高压水加载,观察并记录加载压力数据(表 4-7)。

表 4-7 超化煤矿二$_1$煤原煤样水压加载数据

加载时间 t/s	第一组			第二组		
	围压 2 MPa 下加载水压 $p_水$ /MPa	围压 3 MPa 下加载水压 $p_水$ /MPa	围压 4 MPa 下加载水压 $p_水$ /MPa	围压 2 MPa 下加载水压 $p_水$ /MPa	围压 3 MPa 下加载水压 $p_水$ /MPa	围压 4 MPa 下加载水压 $p_水$ /MPa
0	0.00	0.00	0.00	0.00	0.00	0.00
5	0.00	0.00	0.00	0.00	0.00	0.00
10	0.48	0.54	0.55	0.47	0.56	0.52
15	0.97	1.05	1.02	0.91	1.15	0.97
20	1.62	1.65	1.47	1.64	1.68	1.41
25	2.04	2.05	2.03	2.08	2.12	1.89
30	2.35	2.67	2.59	2.38	2.69	2.42
35	1.61	3.36	3.15	1.58	3.09	2.98
40	1.72	3.30	3.71	1.72	3.37	3.54
45	1.59	2.24	4.41	1.56	2.26	4.38
50	1.73	2.52	3.27	1.74	2.54	3.25
55	1.60	2.26	3.46	1.54	2.20	3.44
60	1.69	2.49	3.28	1.66	2.56	3.21
65	1.75	2.28	3.47	1.75	2.28	3.37
70	1.93	2.45	3.27	1.93	2.51	3.23
75	2.13	2.65	3.50	2.23	2.68	3.52
80	2.29	2.85	3.29	2.39	2.86	3.28
85	2.45	3.050	3.48	2.41	3.15	3.42
90	2.62	3.23	3.68	2.68	3.28	3.66
95	2.83	3.42	3.76	2.85	3.43	3.69
100	2.94	3.66	3.84	2.92	3.59	3.79
105	3.15	3.89	3.93	3.21	3.79	3.94
110	3.23	3.99	4.01	3.23	4.01	4.13
115	3.53	4.19	4.14	3.54	4.17	4.35
120	0.000	4.37	4.35	0.00	4.31	4.67
125		4.55	4.57		4.37	4.86
130		0.000	4.84		0.00	5.02
135			5.24			5.26
140			0.00			0.00

根据表 4-7 高压水测试数据绘制超化煤矿二₁煤 6 个煤样试件的加载压力 $p_水$ 与加载时间 t 的关系曲线图(图 4-4)。

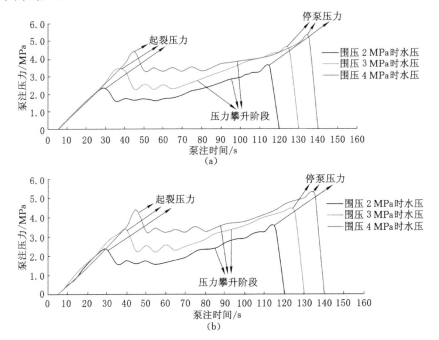

图 4-4 一定瓦斯压力条件下超化煤矿二₁煤原煤样水压加载动态变化曲线图

(a)第一组;(b)第二组

超化煤矿二₁煤 6 个原煤煤样的泵注压力曲线随加载时间的走势基本一致,曲线大致分为 6 个阶段,泵压滞留阶段(压力为 0)、压力急剧上升阶段、压力瞬间下降阶段、闭合—压裂交替阶段、逐步压实阶段以及停泵阶段。

① 由于压裂对象煤内部发育有微、小、中孔,甚至大孔与裂隙,在初始开泵的一段时间内,内部裂隙渗失的液体要大于注水量。因此,在很短一段时间内,尽管泵注开始,但观测不到压力的上升。通过曲线可以看出,这个阶段时间不长,一般为 3~5 s。

② 随着注水量的不断增加,煤体内部孔隙及裂隙空间被水逐渐充实,当注水量大于孔隙及裂隙渗失量时,注水压力随时间不断上升。

③ 泵注压力达到一定数值即起裂压力时,煤体被高压水压裂,初始裂缝产生。液体填充到所形成的裂缝中,压力突然降低。

第一组实验数据中,围压 σ_2 分别为 2 MPa、3 MPa、4 MPa 条件下,3 个煤样试件的起裂压力分别为 2.35 MPa、3.3 MPa、4.41 MPa,第二组实验数据中,3 个煤样试件的起裂压力分别为 2.38 MPa、3.37 MPa、4.38 MPa。因此,可知 6 个煤样时间的抗拉强度分别为 0.35 MPa、0.3 MPa、0.41 MPa、0.38 MPa、0.37 MPa、0.38 MPa。这 6 个煤样的抗拉强度明显比新登煤矿二₁煤、大宁煤矿 3 号煤(硬)煤试件的抗拉强度要低很多,主要原因是超化煤矿二₁煤煤质松软,其普氏系数小。

④ 由于泵注压力的突然下降,即泵注动力源的失效,压裂对象内部的煤体裂缝停止延展。随着计量泵内液体的不断注入并在所形成的裂缝中逐渐累积,压力又逐渐恢复。随着

泵注时间的积累,当泵注压力再一次达到煤体的破裂压力后,二次裂缝开始形成。随着注水时间的推移,三次起裂甚至多次起裂紧接着发生,裂缝在不断的交替中向前发展;6个煤样试件自起裂开始,在闭合—压裂交替阶段所经历的时间大致也分别为 30~40 s。

⑤ 由于超化煤矿二$_1$煤煤质松软破碎,高压水作用下煤体发生了塑性变形,高压水在煤层钻孔内与煤体结合形成煤泥(浆),导致其被高压水压实。裂隙延展停止,甚至压裂产生的裂隙及煤体内部的孔隙被形成的煤泥(浆)封堵,致使泵注压力不断攀升。

⑥ 高压注水持续一段时间后(大约 60 s),6个试件的注水压力分别攀升到 3.53 MPa、4.55 MPa、5.24 MPa、3.54 MPa、4.37 MPa、5.26 MPa,泵注压力已经远远超过了煤体的破裂压力,证明煤体已经被完全压实,关闭高压泵,水力压裂结束。

4.3.4 大宁煤矿 3 号煤软分层高压水加载动态变化规律

大宁煤矿 3 号煤软分层煤样试件加载水压的测试数据见表 4-8,加载水压随时间变化曲线图如图 4-5 所示。

表 4-8 　　　　　　　 大宁煤矿 3 号煤软分层原煤样水压加载数据

加载时间 t/s	第一组			第二组		
	围压 2 MPa 下加载水压 $p_水$ /MPa	围压 3 MPa 下加载水压 $p_水$ /MPa	围压 4 MPa 下加载水压 $p_水$ /MPa	围压 2 MPa 下加载水压 $p_水$ /MPa	围压 3 MPa 下加载水压 $p_水$ /MPa	围压 4 MPa 下加载水压 $p_水$ /MPa
0	0.00	0.00	0.00	0.00	0.00	0.00
5	0.00	0.00	0.00	0.00	0.00	0.00
10	0.42	0.52	0.54	0.46	0.55	0.56
15	0.93	1.01	0.97	0.97	1.04	0.99
20	1.64	1.62	1.46	1.68	1.65	1.48
25	2.12	1.99	2.11	2.16	2.02	2.13
30	2.29	2.52	2.67	2.33	2.55	2.69
35	1.59	3.13	3.23	1.63	3.16	3.25
40	1.70	3.37	3.79	1.74	3.40	3.81
45	1.55	2.22	4.35	1.59	2.25	4.37
50	1.72	2.48	3.26	1.76	2.51	3.28
55	1.60	2.20	3.48	1.64	2.23	3.50
60	1.74	2.47	3.27	1.78	2.50	3.29
65	1.81	2.21	3.49	1.85	2.24	3.51
70	1.93	2.49	3.26	1.97	2.52	3.28
75	2.16	2.69	3.50	2.20	2.72	3.52
80	2.28	2.74	3.29	2.32	2.77	3.31
85	2.49	2.96	3.51	2.53	2.99	3.53
90	2.60	3.03	3.66	2.64	3.06	3.68

续表 4-8

加载时间 t/s	第一组			第二组		
	围压 2 MPa 下加载水压 $p_水$ /MPa	围压 3 MPa 下加载水压 $p_水$ /MPa	围压 4 MPa 下加载水压 $p_水$ /MPa	围压 2 MPa 下加载水压 $p_水$ /MPa	围压 3 MPa 下加载水压 $p_水$ /MPa	围压 4 MPa 下加载水压 $p_水$ /MPa
95	2.77	3.27	3.74	2.81	3.30	3.76
100	2.91	3.47	3.83	2.95	3.50	3.85
105	3.18	3.68	3.91	3.22	3.71	3.93
110	3.29	3.81	4.03	3.33	3.84	4.15
115	3.47	4.01	4.12	3.51	4.04	4.34
120	0.00	4.17	4.20	0.00	4.20	4.47
125		4.21	4.25		4.24	4.58
130		0.00	4.36		0.00	4.88
135			4.48			5.21
140			0.00			0.00

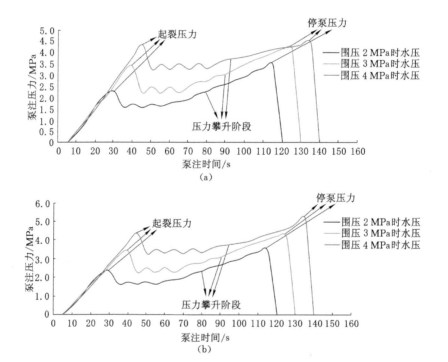

图 4-5 一定瓦斯压力条件下大宁煤矿 3 号煤软分层原煤样水压加载动态变化曲线图

(a) 第一组;(b) 第二组

从图 4-5 可以看出:

① 6 个煤样在第一阶段经历的时间大概为 3～5 s。

② 随着注水量的不断增加,煤体内部孔隙及裂隙空间被水逐渐充实,当注水量大于孔

隙及裂隙渗失量时,注水压力随时间不断上升。

③ 第一组实验数据中,围压 σ_2 分别为 2 MPa、3 MPa、4 MPa 条件下,大宁煤矿 3 号煤软分层 3 个煤样试件的起裂压力分别为 2.29 MPa、3.37 MPa、4.35 MPa,第二组实验数据中,围压 σ_2 分别为 2 MPa、3 MPa、4 MPa 条件下,3 个煤样试件的起裂压力分别为 2.33 MPa、3.40 MPa、4.37 MPa。因此,可知 6 个煤样时间的抗拉强度分别为 0.29 MPa、0.37 MPa、0.35 MPa、0.33 MPa、0.40 MPa、0.37 MPa。

④ 6 个煤样试件自起裂开始,在闭合—压裂交替阶段所经历的时间 t 大致也分别为 30~40 s。

⑤ 由于大宁煤矿 3 号煤软分层煤质松软破碎,高压水作用下煤体发生了塑性变形,高压水在煤层钻孔内与煤体结合形成煤泥(浆),导致其被高压水压实。裂隙延展停止,甚至压裂产生的裂隙及煤体内部的孔隙被形成的煤泥(浆)封堵,致使泵注压力不断攀升。

⑥ 高压注水持续一段时间后(大约 60 s),6 个试件的注水压力分别攀升到 3.47 MPa、4.21 MPa、4.48 MPa、3.51 MPa、4.24 MPa、5.21 MPa,泵注压力已经远远超过了煤体的破裂压力,证明煤体已经被完全压实,关闭高压泵,水力压裂结束。

高压水载荷下超化煤矿二₁煤煤样试件与大宁煤矿 3 号煤软分层煤样试件水压加载动态变化规律较一致,都经历了压裂的六个阶段。根据水压加载曲线可知,两个矿的试件开始某一阶段内在高压水作用下产生了裂隙。水侵入至裂隙内部后,由于水的浸泡、湿润作用以及软煤的近水性,很快软煤与水形成了所谓的"煤泥",内部裂隙又被封堵,随着高压水的加载煤体逐渐被压实。

4.4　高压水载荷前后煤样渗透率变化规律

通过高压水载荷下不同类型煤体的破碎过程可知,硬度较大的原煤样(新登煤业二₁煤及大宁煤矿 3 号硬煤)在高压水作用下裂隙能够得到充分的扩展与延伸;而硬度较小的原煤样(大宁煤矿 3 号软分层及超化煤矿二₁煤)在高压水作用下,裂隙最终产生了压实、闭合现象。

4.4.1　高压水加载前后硬煤原煤样瓦斯渗透性变化规律

高压水加载后,按照方案 3(表 4-3)硬煤原煤样试件瓦斯渗透测试数据见表 4-9,加载前后渗透率随围压的变化对比见图 4-6。

从表 4-9 和图 4-6 可以看出:

(1) 采取水力压裂措施后,两个不同矿井的 24 煤样的渗透率较压裂前大幅增加,最大的提高了 3.99 倍。渗透率的提高证明了水力压裂的可行性。

(2) 相同围压/轴压条件下,水压加载前,试件的渗透率随着围压的增加而减小。高压水加载后,不同围压条件下的 3 个煤样试件渗透率都大幅增加,而最终渗透率数值相差不大,与试件所处围压不存在明显关系。

(3) 根据煤样水压加载动态变化曲线可以判断,一定围压条件下,12 个煤样瓦斯渗透率随加载水压变化可分为 3 个阶段:

表 4-9 　　　　一定瓦斯压力条件下高压水加载前后硬煤原煤样渗透率实验数据

瓦斯压力 p/MPa	煤样来源	加载围压 σ_2/MPa	压裂前		压裂后		
			煤样编号	渗透率 k/mD	煤样编号	渗透率 k/mD	平均
0.4	新登煤业 二₁煤	2	YXD1	0.132 13	YXD4	0.315 67	0.324 47
					YXD4′	0.333 27	
		3	YXD2	0.093 11	YXD5	0.304 56	0.315 98
					YXD5′	0.327 40	
		4	YXD3	0.078 34	YXD6	0.324 27	0.312 27
					YXD6′	0.300 27	
	大宁煤矿 3 号煤(硬)	2	YDN1	0.166 34	YDN4	0.386 65	0.356 74
					YDN4′	0.326 83	
		3	YDN2	0.137 79	YDN5	0.379 64	0.365 59
					YDN5′	0.351 54	
		4	YDN3	0.112 67	YDN6	0.352 32	0.362 25
					YDN6′	0.372 18	
0.6	新登煤业 二₁煤	2	YXD1	0.166 34	YXD4	0.345 64	0.356 74
					YXD4′	0.367 84	
		3	YXD2	0.137 79	YXD5	0.405 84	0.365 59
					YXD4′	0.325 34	
		4	YXD3	0.112 67	YXD6	0.401 16	0.362 25
					YXD6′	0.323 34	
	大宁煤矿 3 号煤(硬)	2	YDN1	0.201 21	YXD4	0.650 51	0.631 48
					YXD4′	0.612 45	
		3	YDN2	0.174 58	YXD5	0.588 69	0.619 98
					YXD5′	0.651 27	
		4	YDN3	0.157 41	YXD6	0.560 39	0.610 58
					YXD6′	0.660 77	

① $p_水 < (\sigma_2 + \sigma_t)$MPa 时,随着注水时间的增加,渗入煤体的总水量也不断增加,水逐渐堵塞硬煤原煤样内部的大孔与裂隙,其渗透率随着水压的增加不断减小。

② $p_水 \approx (\sigma_2 + \sigma_t)$MPa 时,煤体发生脆性变形,内部裂隙得到充分扩张、衍生,形成贯通裂隙网,有效孔隙度增加,由于煤样内部的裂隙被高压水压开,渗透率会有所增加。

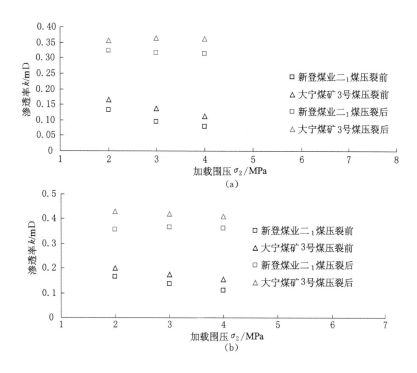

图 4-6　一定瓦斯压力条件下高压水加载前后硬煤煤样渗透率随围压变化曲线

(a) $P=0.4$ MPa；(b) $P=0.6$ MPa

③ 在注水压力的闭合—压裂交替阶段，渗透率随着时间的变化基本上区域稳定。

④ 注水压力达到煤样完全破裂压力之后，由于煤样完全被压开，裂隙得到最大程度的扩张与延伸，贯通较好的裂隙网络形成，渗透率又进一步增大。一段时间内，渗透率趋于稳定，并达到该泵注过程的最大值。

（4）实验表明：对煤质坚硬的煤体进行高压注水能使其发生脆性变形，内部裂隙得到充分扩张、衍生，形成贯通裂隙网，有效孔隙度增加，煤的渗透率较压裂前大幅提高。该技术措施可以提高煤层的透气性系数，进而提高瓦斯抽放效果，但是裂隙在围压作用下何时重新闭合，压裂作用失效时间还有待于进一步研究。

4.4.2　高压水加载前后软煤原煤样瓦斯渗透性变化规律

高压水加载后，软煤原煤样试件瓦斯渗透数据见表 4-10，加载前后渗透率随围压的变化对比见图 4-7（图中压裂后渗透为两煤样的平均值）。

由表 4-10 和图 4-7 可以看出：

（1）高压水加载后，两个不同矿井的 24 个煤样渗透率较加载前都大幅度减小，较加载前渗透率平均下降了 79%，最大的减小了 89%。渗透率的降低证明了水力压裂不具可行性。超化煤矿二$_1$煤与大宁煤矿 3 号煤软分层硬度较小，松软易破碎，不适宜采用水力压裂作为增透措施。

（2）根据煤样水压加载动态变化曲线可以判断，一定的瓦斯气体压力及围压条件下，煤样瓦斯渗透率随加载时间变化明显分为三个阶段：

① $p_水 < (\sigma_2 + \sigma_t)$ MPa 时，随着注水时间的增加，注水压力匀速增加，渗入煤体的总水量也不断增加，水逐渐堵塞构造软煤原煤样内部的中、小及微孔，其渗透率随着水压的增加而不断减小；

② 当注水压力达到煤样破裂压力即 $p_水 \approx (\sigma_2 + \sigma_t)$ MPa 时，煤体开始破裂，由于煤样内部的中孔甚至小、微孔被高压水突然贯通，此时煤的渗透率会有所变大。

③ 注水压力达到煤样破裂压力之后，煤样在高压水作用下，内部发生塑性变形，煤体被水压实，其原生裂隙也被堵塞，瓦斯的流动性更进一步弱化，渗透率后期随加载时间逐渐减小，大大小于压裂前煤样的渗透率。

表 4-10　　　一定瓦斯压力条件下高压水加载前后软煤原煤样渗透率实验数据

瓦斯压力 p/MPa	煤样来源	加载围压 σ_2/MPa	压裂前		压裂后		
			煤样编号	渗透率 k/mD	煤样编号	渗透率 k/mD	平均
0.4	超化煤矿 二₁煤	2	RCH1	0.065 98	RCH4	0.019 07	0.018 87
					RCH4'	0.018 67	
		3	RCH2	0.046 01	RCH5	0.012 35	0.012 24
					RCH5'	0.012 10	
		4	RCH3	0.036 72	RCH6	0.009 98	0.009 65
					RCH6'	0.009 32	
	大宁煤矿 3 号软分层	2	RDN1	0.112 45	RDN4	0.014 63	0.012 58
					RDN4'	0.010 53	
		3	RDN2	0.074 57	RDN5	0.010 84	0.009 98
					RDN5'	0.009 12	
		4	RDN3	0.046 01	RDN6	0.007 63	0.007 54
					RDN6'	0.007 45	
0.6	超化煤矿 二₁煤	2	RCH1	0.101 03	RCH4	0.032 23	0.031 23
					RCH4'	0.030 23	
		3	RCH2	0.089 01	RCH5	0.026 62	0.025 54
					RCH5'	0.024 46	
		4	RCH3	0.080 98	RCH6	0.019 98	0.019 97
					RCH6'	0.019 96	
	大宁煤矿 3 号软分层	2	RDN1	0.143 24	RDN4	0.029 12	0.028 84
					RDN4'	0.028 56	
		3	RDN2	0.124 47	RDN5	0.020 39	0.020 03
					RDN5'	0.019 67	
		4	RDN3	0.101 19	RDN6	0.013 85	0.012 65
					RDN6'	0.011 45	

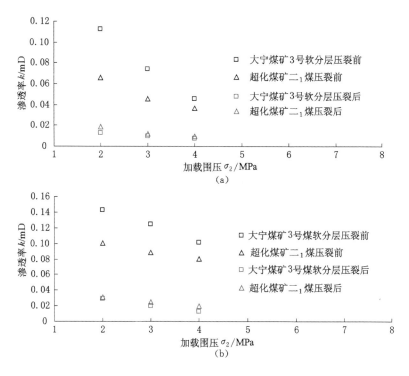

图 4-7　一定瓦斯压力条件下高压水加载前后软煤原煤样渗透率随围压变化曲线
(a) $P=0.4$ MPa；(b) $P=0.6$ MPa

4.5　本章小结

（1）一定瓦斯气体压力条件下，无论是硬煤还是构造软煤原煤样瓦斯渗透率都随着围压的增加而减小。

该结论与煤矿生产实践经验一致。煤矿现场煤层所受的矿压为煤样在实验室加载的围压，处于应力集中带的煤体渗透率低即煤体透气性差，这些区域容易造成瓦斯的富集，易发生煤与瓦斯突出事故。目前的防突技术措施如水力压裂、水力冲孔、高压水射流等目的就是将煤体的应力集中带转移，增加煤体渗透率从而提高煤体透气性使瓦斯抽放更容易进行。

（2）从原煤样高压水加载动态变化曲线图可以看出，像新登煤矿二₁煤及大宁煤矿 3 号煤（硬）等硬度较大的煤样在高压水加载过程中经历了压裂——多次压裂——完全破裂的过程，最终试件被完全压裂，内部裂隙得到充分扩张、衍生，形成贯通裂隙网。而像超化煤矿二₁煤及大宁煤矿 3 号煤软分层等硬度较小的煤样在高压水加载过程中却经历压裂——压实——闭合的过程，最后煤样被高压水逐步压实，高压水最终没能够使煤体内部的裂隙网络展开。

（3）高压水载荷下，硬煤与构造软煤原煤样渗透率变化规律差别较大。对硬度较大的煤而言，高压水加载有利于增加煤样的渗透率，进而提高煤体的透气性；相反，硬度较小的软煤在高压水加载下渗透率反而降低，高压水变成瓦斯运移的阻力。

水力卸压增透技术措施并不是对所有煤层都是适用的，其卸压增透效果与煤体在高压水载荷下自身的物理、力学特征密切相关。目前煤层水力增透技术措施之所以在很多矿区、煤层没有取得理想的效果,其原因便在于此。

（4）对煤质坚硬的煤体进行高压注水能使其发生脆性变形,内部裂隙得到充分扩张、衍生,形成贯通裂隙网,有效孔隙度增加,煤的渗透率较压裂前大幅提高。该技术措施可以提高煤层的透气性系数,进而提高瓦斯抽放效果,但是裂隙在围压作用下何时重新闭合,压裂作用失效时间长短还有待于进一步研究。

5　高压水与应力综合作用下煤体变形与破坏特征研究

本章从煤层的裂隙特征及其力学性质着手,分析了水力压裂对煤层裂隙的控制并对高压注水时煤层的起裂过程进行了简单探讨;根据弹性力学及线弹性断裂力学的知识综合分析了注水钻孔周围的应力状态,并对压裂时垂直裂缝与水平裂缝的起裂判据进行了定量计算,给出了垂直与水平裂缝的起裂压力计算公式;分析了两种主要类型裂缝的延展方向,指出水力压裂时,裂缝总是沿煤层最大主应力的方向扩展、延伸,并定量计算了裂缝扩展所需的最小注水压力;使用自行设计、改装的高压水载荷下瓦斯渗流实验装置对轴压、围压变化条件下煤体试件裂缝生成和延展进行了实验,进一步验证了压裂裂缝总是沿着最大主应力的方向扩展延伸这一观点。

5.1　煤层赋存特征及水压致裂机理

5.1.1　煤层的力学特征

多个煤分层共同组合而成煤层的结构,那么煤层总的力学特性是多个煤分层力学特性的共同体。众所周知,"正交异性、横观同性"便是煤体具有的特点。根据这一观点,建立如图 5-1 所示的煤层组合模型,此时在沿各煤层层面的垂直方向上,煤层可以看作每一个煤分层的共同组合体。

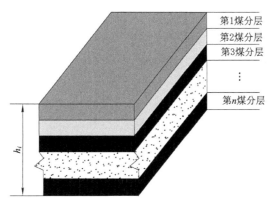

第1煤分层
第2煤分层
第3煤分层
⋮
第n煤分层

图 5-1　煤分层组合图

假设每一煤分层的煤厚分别为 h_i,其对应的弹性模量分别为 E_i,那么,在同一垂直应力 σ_v 的作用下,联合体总的弹性变形量 $\Delta h_{总}$ 可表达为[157-157]:

$$\Delta h_{总} = \sum_{i=1}^{n} \Delta h_i \tag{5-1}$$

式中　$\Delta h_{总}$——各煤层的变形量,有:

$$\Delta h_i = \frac{\sigma_v}{E_i} \cdot h_i \tag{5-2}$$

将式(5-2)代入式(5-1),得到煤联合体总的变形量:

$$\Delta h_{总} = \sigma_v \sum_{i=1}^{n} \frac{h_i}{E_i} = \sigma_v \frac{h_{总}}{E_{总}} \tag{5-3}$$

将上式整理可得:

$$E_{总} = \frac{h_{总}}{\sum\limits_{i=1}^{n} \frac{h_i}{E_i}} \tag{5-4}$$

也可以通过式(5-3)推导出:

$$\varepsilon_{总} = \sum_{i=1}^{n} \frac{h_i}{h_{总}} \varepsilon_i \tag{5-5}$$

由式(5-4)及式(5-5)可以看出,各个煤分层的弹性模量及应变量决定着煤层联合体的总弹性模量及总应变量,两者之间成正比关系。值得注意的是,各个煤分层厚度在总厚度中所占的比例在一定程度上也影响着煤层联合体总的应变值大小[158-159]。

5.1.2　煤层的裂隙特性

煤层是由孔隙及裂隙组成的双重孔隙结构体,成煤过程中形成的大量挥发性物质以吸附状态赋存在煤的孔隙结构中,瓦斯气体的产出首先从煤体内表面解吸开始,然后通过微孔扩散,最终流入裂隙系统,裂隙是煤层内部瓦斯运移的主要通道,与煤层渗透率的大小紧密关联。按照煤体内部裂隙的成因可将其分为两大类,即割理(又称为"内生裂隙")以及构造裂隙[160]。由于受到构造应力的作用,煤体中的凝胶化物质脱水收缩便形成了割理,割理实际上为两组裂隙,这两组裂隙之间基本上互相垂直且它们与煤层的层面方向近似垂直,两组割理中延伸长度比较大并且相对发育的为面割理,另一组为端割理,它们是两组方向近似垂直于煤层层面,但又不穿过整个煤层的微小裂隙,如图5-2、图5-3及图5-4所示。

煤岩显微组分与煤级两者共同控制着割理的发育情况,其中控制其基础发育的因素为煤岩纤维组分的差异。当镜质组块度较大且比较致密,分布较平均时,同样煤级的情况下烃的生成量大,这会导致孔隙流体压力及收缩内应力变大,这为割理的生成以及延伸、扩展提供了更有利的环境;相反当惰质组呈多孔、纤维状时,应力会通过煤体内部分布的孔隙卸掉,这造成了割理形成较难。

镜质组以及惰质组的强度要小于壳质组,但是壳质组极少存在与煤层内部,因此这对煤层内部割理的发育影响甚微。宏观类型相同的煤层中,分布密度最高的为中煤级割理,而低及高煤级割理的分布密度会小一些。

构造裂隙有时也被称为外生裂隙,在区域或者局部应力作用于煤层时便会形成。众所周知,煤岩体可划分为能干层及非能干层,当构造应力作用于煤岩体时,作为非能干层的煤体较能干层的岩体更易发生形变,这种情况下构造裂隙会在煤体内部出现。因此当煤体受到的构造应力愈大,频率愈高,其内部发育的构造裂隙就会越多,整个煤层可能会广泛发育

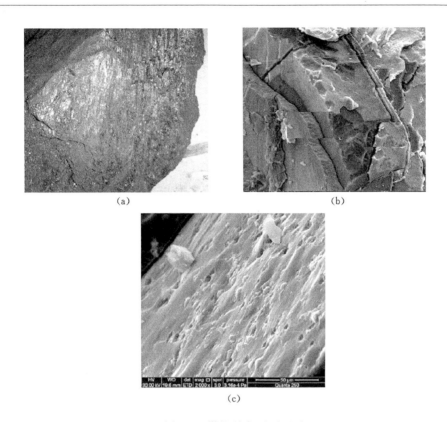

图 5-2　煤的裂隙、孔隙照片

(a) 煤的割理；(b) 微裂隙；(c) 煤的孔隙

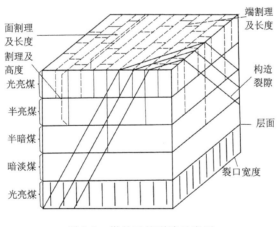

图 5-3　煤的天然裂隙示意图

这种裂隙。尽管构造裂隙的发育要比割理更为普遍，但由于构造裂隙延伸的长度较大，在很大程度上决定着煤层的透气性。构造裂隙的赋存状态各异，有时彼此间相互呈斜交状态，有时会在割理上互相交织，也可能与煤层面相互垂直[161]。

煤层结构在很大程度上决定着构造裂隙与割理的存在状态。在没有任何外力的影响下原生结构煤体便会出现，当煤体受到外力的影响时，其内部原有的结构会被破坏，因此构造

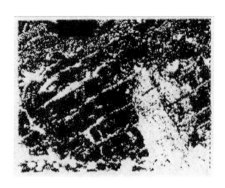

图 5-4　实际煤样剖面图

煤便形成了。根据外力对煤体的破坏程度,通常构造煤被划分为碎裂、碎粒以及糜棱三种不同的类型。

割理与构造裂隙系统在原生结构煤以及碎裂煤中能得到较好保存,因此对这两种类型的煤体而言,其内部孔隙相对开放,瓦斯气体扩散与渗流的通道较为畅通,煤体的渗透性较好,渗透率比较高;相反,由于地质构造的作用,割理在碎粒煤及糜棱内部已不存在,尽管这两类煤体的构造裂隙特别发育但是裂隙之间的连通性较差,煤体内部的孔隙由于构造应力的存在也比较封闭,瓦斯扩散以及渗流的通道被阻碍,煤体的透气性较差,渗透率特别低。从瓦斯抽放的角度来讲,后两种类型的煤体发育是极其不利的因素。

5.1.3　煤层裂隙发育特征对水力压裂的控制

傅雪海[162]通过在多个矿区对煤矿井下实际所揭露的煤层裂隙进行了研究分析,并将裂隙按大小、分布形态特征以及成因进行了四级划分(表 5-1)。由煤层宏观裂隙发育特征不难发现,煤层裂隙系统发育,大、中裂隙与外生裂隙或节理相当,主要是由于煤层受到外力作用而产生的,裂隙的发育方向与煤层层理面相互斜交,长度达数米,可以切穿煤层甚至煤层的顶底板,裂隙密度每米可达十多条。小裂隙多分布在光亮型煤和半亮型煤中,一般与层理面高角度相交,面裂隙可达数厘米到 1 m,与端裂隙呈近直角度相交,小裂隙密度每米多达上百条以上。

表 5-1　　　　　　　　　　　　　　煤体宏观裂隙级别区划及其分布特征

裂隙级别	高度	长度	密度	切割性	裂隙形态特征	成因
大裂隙	数十厘米至数米	数十至数百米	数条每米	切穿整个煤层甚至顶底板	发育一组,断面平直,有煤粉,裂隙宽度数毫米到数厘米,与煤层层理面斜交	外应力
中裂隙	数十毫米至数十厘米	数米	数十条每米	切穿几个宏观煤岩类型分层(包括夹矸)	常发育一组,局部两组,断面平直或呈锯齿状,有煤粉	
小裂隙	数毫米至数厘米	数厘米至1 m	数十至200条每米	切穿一个宏观煤岩类型分层或几个煤岩成分分层,一般垂直或近垂直于层理分布	普遍发育两组,面裂隙较端裂隙发育,断面平直	综合作用

续表 5-1

裂隙级别	高度	长度	密度	切割性	裂隙形态特征	成因
微裂隙	数毫米	数厘米	200～500条/m	局限于一个宏观煤岩类型或几个煤岩成分分层（镜煤、亮煤）中，垂直于层理面	发育两组以上，方向较为零乱	内应力

　　井下压裂实施中所使用的压裂液具有不可压缩性，从水力压裂的力学原理来分析，首先，压裂液会穿入张开度相对较大的层理或者裂隙弱面，然后向张开度相对较小的次级裂隙弱面内部扩展，最后直至煤层的微裂隙；压裂液于裂隙弱面内部对弱面壁面的内压作用迫使各级裂隙弱面不断扩展及延伸，并且相互之间贯通，最终煤体内部形成相互交织的裂隙网，从而煤层内部瓦斯流动和渗透能力增加，瓦斯的抽采效率得以提高（图 5-5）。理论上来讲，只要压裂液足够并且注入压力大于能克服裂隙弱面张开的阻碍力，裂缝便会沿着抵抗阻碍最小的方向扩展、延伸。但是由于煤体内部结构发育存在很大的差异，结构类型不同的煤体间压裂效果差异性特别大。煤体的结构类型不同，其内部的裂隙发育特征亦存在差异。因此，不同类型煤体的水力压裂施工技术参数也有很大区别。

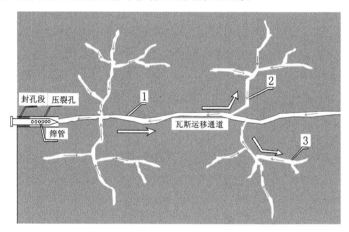

图 5-5　水力压裂裂缝扩展及延伸示意图
1——一级弱面；2——二级弱面；3——三级弱面

　　① 煤层内部原生裂隙发育程度，包括裂隙的宽度、长度、条数、分布密度、裂隙间的连通性等在很大程度上反映了煤层渗透性的强弱，在很大程度上都制约着煤层水力压裂的效果。煤层内部中、宏观裂隙发育，会大大降低煤岩体强度，对煤层实施水力压裂来讲，其有利因素表现在煤层破裂压力明显下降，但是对压裂裂缝扩展的影响则主要取决于裂缝的长度、宽度以及方向。如果裂隙的发展方向与最大主应力方向平行或者近似平行，那么压裂裂缝将会沿着原生裂隙的方向开裂并扩展、延伸。这种情况下，维持压裂裂缝扩展所需的压力也可大幅降低；相反，如果主裂隙的方向和最大主应力方向相垂直或者是两者间的夹角较大，裂缝将会横穿原生裂隙继续向前扩展，那么压裂过程中所需的注水压力也更大。

　　② 煤层内部原生裂隙发育对水力压裂的负面影响作用表现在：裂隙系统发育、裂隙间贯通性越好，压裂过程中压裂液的滤失现象会越严重。尤其是在煤层压裂影响范围内部，如

果较大的裂隙和煤层顶板、底板或者是断层构造沟通,大量的压裂液不但会滤失,而且还会出现"泄压"现象,难以起到应有的压裂造缝作用,在井下实施水力压裂过程中不得不考虑的一个极其重要的因素便是压裂过程中压裂液的滤失。从瓦斯抽放的角度来讲,如果大量的压裂液渗滤进入煤层内部,压裂液将会抑制瓦斯的解吸,从而不利于煤层内瓦斯的抽放。

5.1.4 高压水对煤层的压裂过程定性分析

通过煤层的形成历史过程分析可以知,煤体内部以及煤分层间存在数量众多的微小原生裂隙,并且煤层内部分层之间也同样存在着大量层理的弱面,同时由于煤层在成煤过程中受到过地质构造作用,煤分层以及煤层内部也发育有很多的构造裂隙,这些构造裂隙与煤层层理面间成一定的角度,这些裂隙或分布于煤分层之内,同时也会贯穿于分层之间,这些裂隙被称为切割裂隙。层理、切割裂隙以及原生微小裂隙的分割作用把煤层内部的煤体进行分割使其成为一些独立的块体,同时煤块体内部又发育有大量的孔隙结构[163]。

工程上采用水力压裂技术措施提高低透煤层渗透率—煤层的透气性系数时,高压水对煤层结构的破坏过程与实验室中单轴压缩条件下破坏过程是完全不相同的。实验室单轴压缩实验导致的煤体破坏是煤体在外力作用下的破坏。不同的是,对煤层进行高压注水压裂是借助高压流体(水)在煤层各弱面内部对弱面壁面产生支撑、挤压作用,进而使弱面张开、扩展以及延伸,最终实现对煤层进行内部分割。高压注水对煤体的分割破坏过程一方面通过弱面的张开以及扩展使裂隙弱面的体积增加来完成,另一方面,裂隙、弱面的延伸、扩展使裂隙之间的连通性得到了加强,最终便形成了一个相互交织的多裂隙连通网络[164]。正是由于这些裂隙以及连通网络的形成才导致了煤层的渗透率较采取水力压裂措施前大幅提高。

原始状态下煤层内部的层理、切割裂隙、原生微裂隙以及孔隙之间存在的规模和尺度具有较大的差异,与此同时,弱面所在的平面与原岩应力场中主应力方向间的位置关系也存在差异,导致压裂液在侵入煤体内部的顺序及在其中的运动状态也存在一定的差异。在压裂顺序上表现为破裂首先从张开度大、黏结能力相对最弱的一级弱面开始,然后扩展延伸至二级弱面,最后再发展到煤分层中的原生微裂隙以及煤层内部的孔隙当中。而压裂液在煤层内部的运动状态可以分为渗流、毛细浸润以及水分子扩散三种基本形式[165]。

渗流状态下,压裂液首先会沿着尺度较大的层理或者是割理裂隙流动,渗流过程得以维持的一个条件便是压裂液的压力不能超过某一个极限值,当高压压裂液的泵注压力不是特别高时,水流便会和渗流状态一样,压裂液并不会使煤体发生破坏,压裂液的作用便是提高层理或切割裂隙的张开度以及导液性,使弱面进行扩展和延伸。

层理以及切割裂隙张开度不断增大的过程中,由于受高压压裂液的作用煤体内部已经张开壁面的切向拉伸应力不断增大,当在某个位置的切向拉伸应力大于与该位置相连的次级弱面壁面间的黏结力和所对应的切向原始应力的两者之和时,该位置将会发生次级弱面的起裂,高压液体在水压的作用下将会进入煤体弱面内部,扩展延伸过程将会同样像上一级弱面一样发生。裂隙发展的规律依次反复进行下去,直至高压压裂液达至煤分层内部的微裂隙之中,从而压裂液便起到了对煤层逐级分割的作用,任何级别的裂隙弱面的扩展、延伸都会伴随着水的扩散以及毛细浸润。

通过上述分析可知,高压水对煤层的压裂破坏机理为:高压压裂液首先对各级裂隙、弱面产生内压,从而导致裂隙、弱面在空间内部发生扩展及延伸。实质上,它是使裂隙弱面进

一步扩展延伸并最终使它们相互贯通,并不是使新的裂隙产生,可以得出下面的结论:

① 水力压裂时,高压压裂液在煤层内部的流动具有一定的顺序,首先从张度较大的层理和切割裂隙等一级弱面开始,而后扩展到二级裂隙弱面,顺序依次进行下去直至煤层内部的原生裂隙,最后再到煤层中的小孔、微孔。

② 高压压裂液在煤层内部的运动状态存在渗流、毛细浸润和水分子扩散三种基本形式,并且在高压压裂液的渗透过程中伴随有毛细浸润及水分子的扩散过程。

③ 压裂液的分解过程首先是压裂液在裂隙弱面内部对弱面壁产生内压作用致使弱面发生扩展与延伸,最终使弱面间相互黏结、贯通。

④ 压裂过程中压裂液对煤体进行压裂、分解,导致煤体内部裂隙弱面不断扩展延伸最终直至贯通,相互交织的贯通裂隙网络在煤体内部形成,进而煤层的渗透率得到了大幅提高。

5.2　压裂过程中煤体起裂与延展特征

5.2.1　水力压裂煤体裂缝的起裂

根据国内外研究成果,裂缝起裂的因素主要包括[167-169]:① 压裂对象所处区域的原始地应力;② 地层的孔隙压力;③ 钻孔的注水压力;④ 压裂液向多孔煤层中的渗滤流动;⑤ 压裂对象的强度和其他物理力学性质。

采取水力压裂措施时,煤体钻孔周围的应力状态很大程度上决定压裂裂缝的形成。一般情况下,当注水压力超过煤体的抗拉强度时煤体便开始破裂[170]。

5.2.1.1　注水钻孔的应力状态

（1）地应力产生的钻孔壁应力

众所周知,煤体地层压力以及构造应力场两者共同组成了地应力场,大多数学者认为,地应力之中的一个主应力垂直于地壳表面,另外两个主应力则呈水平状态。如果忽略地质构造运动作用单单考虑上覆地层自重引起的重力作用,把煤层上覆的岩石视为弹性体,那么可以把地应力进行分解,分为两个水平方向上的正主应力 σ_x 与 σ_y 以及垂直方向的正主应力 σ_z,那么有:

$$\begin{cases} \sigma_z = \rho g h \\ \sigma_x = \sigma_y = \dfrac{\nu}{1-\nu}\rho g h \end{cases} \tag{5-6}$$

式中　h——地层的埋藏深度,m;

　　　ρ——煤体上覆岩层的平均容重,kg/m³;

　　　ν——岩层的泊松比。

煤体上覆的岩层可以看作弹性半无限体,进而钻孔周围的应力状态可以简化,可视为平面问题来进行分析研究,在两个水平方向主应力不相等的情况下($\sigma_1 > \sigma_2 > 0$),可以把钻孔看作弹性平板中的小圆孔(图5-6),在该平面板于相互垂直的方向上分别施加有 σ_1 和 σ_2 两个压缩外应力。

根据弹性力学,图5-6的小圆孔周围的应力可以进行分解[171]。

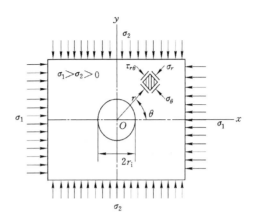

图 5-6　矩形平板圆孔周围的应力分布

$$\begin{cases} \sigma_r = \dfrac{\sigma_1 + \sigma_2}{2}\left(1 - \dfrac{r_i^2}{r^2}\right) + \dfrac{\sigma_1 - \sigma_2}{2}\left(1 - 4\dfrac{r_i^2}{r^2} + 3\dfrac{r_i^2}{r^4}\right)\cos 2\theta \\[2mm] \sigma_\theta = \dfrac{\sigma_1 + \sigma_2}{2}\left(1 + \dfrac{r_i^2}{r^2}\right) - \dfrac{\sigma_1 - \sigma_2}{2}\left(1 + 3\dfrac{r_i^2}{r^4}\right)\cos 2\theta \\[2mm] \tau_{r\theta} = -\dfrac{\sigma_1 - \sigma_2}{2}\left(1 - 3\dfrac{r_i^4}{r^4} + 2\dfrac{r_i^2}{r^2}\right)\sin 2\theta \end{cases} \tag{5-7}$$

式中　$\sigma_r, \sigma_\theta, \tau_{r\theta}$——距离圆孔中心为 r 并且与正 x 轴成 θ 角度方位的径向正应力、切向正应力以及剪切应力分量。

由于应力集中现象存在于煤钻孔周围,且在钻壁处应力达到最大值,令 $r = r_i$,由式(5-7)可得钻孔壁上的应力为:

$$\begin{cases} \sigma_r = 0 \\ \sigma_\theta = (\sigma_1 + \sigma_2) - 2(\sigma_1 - \sigma_2)\cos 2\theta \\ \tau_{r\theta} = 0 \\ \sigma_z = \rho g h \end{cases} \tag{5-8}$$

从上式可以看出,煤体钻孔壁上的切向正应力 σ_θ 随着 θ 角度的变化而变化,当 θ 角为 $0°$ 和 $180°$ 时,σ_θ 达到最小值:

$$\sigma_\theta = 3\sigma_2 - \sigma_1 \tag{5-9}$$

产生垂直裂缝时,该处钻孔壁应力首先将为负值,煤体开始破裂。

（2）钻孔注水压力引起的钻孔壁应力

如果仅考虑钻孔注水压力的影响时,钻孔周围的岩层可以被视为一个壁厚无限大的厚壁圆筒,圆筒外边界上的压力可被假想为 0。根据拉梅[172]的厚壁圆筒应力弹性解可知,在钻孔壁上,注水压力 P_i 所产生的应力分量可用下式表述:

$$\begin{cases} \sigma_\theta = -P_i \\ \sigma_r = P_i \end{cases} \tag{5-10}$$

（3）压裂液渗流至煤层在钻孔壁上造成的增大的应力

钻孔内的注水压力 P_i 与煤层孔隙中瓦斯压力 P_0 的差会引起压裂液向钻孔外的径向虑失,而流体流经多孔介质的过程将会迫使材料的应力与位移变大,即钻孔壁周围煤层的应力会增加,而多孔弹性材料的很多问题可以借助热弹性力学理论的知识进行求解,径向渗流所引起的钻孔壁切向应力的增加值可应用厚壁圆筒弹性应力的求解来得到[173-175]：

$$\sigma_\theta = (P_i - P_0)\alpha \frac{1-2\nu}{1-\nu} \tag{5-11}$$

式中　ν——煤层的泊松比；

α——多孔弹性介质的毕奥特常数，通过实验来确定，$\alpha = \dfrac{1-C_r}{C_b}$；

其中，C_r、C_b分别表示岩石的骨架压缩率和容积压缩率。

（4）钻孔壁上的总应力

水平裂缝的形成与垂直应力 $\sigma_z = \rho g h$ 密切相关，垂直裂缝的形成由导致钻孔壁破裂的切向应力 σ_θ 来决定。那么，钻孔壁上产生的总切向应力为上述地应力等所产生的切向应力的总和，将式(5-9)、式(5-10)、式(5-11)进行叠加可得：

$$\sigma_\theta = (3\sigma_2 - \sigma_1) - P_i + (P_i - P_0)\alpha \frac{1-2\nu}{1-\nu} \tag{5-12}$$

5.2.1.2　水力压裂煤体裂缝的起裂判据

（1）垂直裂缝

一般情况下，煤体所处的应力状态中最大主应力 $\sigma_3 = \rho g h$，即煤体的上覆岩自重，煤体裂缝将沿着垂直方向产生，当拉伸应力作用于受压煤体，并且达到煤体的抗拉强度 $\sigma_{抗拉}$ 临界值时煤体开始破裂，即：

$$\sigma_{抗拉} = \sigma_\theta = (3\sigma_2 - \sigma_1) - P_i + (P_i - P_0)\alpha \frac{1-2\nu}{1-\nu} \tag{5-13}$$

由式(5-13)可以推导出水力压裂时煤体破裂时的注水压力 P_i 为：

$$P_i = \frac{\sigma_{抗拉} - (3\sigma_2 - \sigma_1) + P_0\alpha \dfrac{1-2\nu}{1-\nu}}{\alpha \dfrac{1-2\nu}{1-\nu}} \tag{5-14}$$

由上式可以看出，水力压裂时煤体垂直裂缝的产生主要与煤体的抗拉强度 $\sigma_{拉}$、水平方向的两个主应力 σ_1、σ_2 以及煤体内瓦斯压力 P_0 有关。

② 水平裂缝

当煤体应力状态中最大主应力不是 $\sigma_3 = \rho g h$ 时，水平裂缝将会产生，同理可以得出水平裂缝产生时的注水压力 P_i' 为：

$$P_i' = \frac{\sigma_{抗拉} - \sigma_3 + P_0\alpha \dfrac{1-2\nu}{1-\nu}}{\alpha \dfrac{1-2\nu}{1-\nu}} \tag{5-15}$$

水平裂缝的产生主要与煤体的抗拉强度 $\sigma_{抗拉}$、煤体上覆岩层的自重应力 σ_3 以及煤体内瓦斯压力 P_0 有关。

5.2.2　水力压裂煤体裂缝延展

对煤体采取水力压裂措施时，裂缝的起裂压力和起裂方向取决于煤体钻孔周围的应力状态。裂缝起裂伊始的延展方向在远离钻孔煤壁后是不是保持不变，当遇到岩性变化的地层、煤（岩）层的互交面、较大的原生裂隙时其延伸方向是不是会停止或者发生方向的改变等等,所有这些难题不仅在压裂致裂理论研究方面而且在生产实践过程中都具有很大的意义。

(1)裂缝扩展及延伸方向

威尼斯和休伯特首次提出:水力压裂所产生的裂缝在延展过程中始终与最小主应力的方向互相垂直,后来大量的实验室模拟和现场试验均证实了这一点[177-180]。

美国加州大学学者进行了许多有关水力压裂的模拟,得到类似的结论:对于垂直裂缝而言,即使在压裂的初期,裂缝起裂的方向不垂直于最小主应力,但是在延伸、发展过程中裂缝的方向会逐渐发生改变而最终与最小主应力相垂直;后来研究者对花岗岩样进行了水力压裂模拟,结论与此相吻合:只要最小水平应力大于垂直应力,水平的裂缝将会出现。

图 5-7 所示为不同地区的 3 种构造类型,在执行水力压裂措施时,不同类型的裂隙类型便会出现。在逆断层发育的区域,水平裂缝有可能形成;在正断层以及平推断层活跃的区域,垂直裂缝便会产生;断层面和裂缝的方向之间也存在一定的关系。依照目前的技术手段,人们只能对地质构造的发育做出定性评估,仅仅凭借地面运动痕迹很难准确掌握地应力的方向。因而,想准确判断裂缝延伸方向也十分困难。

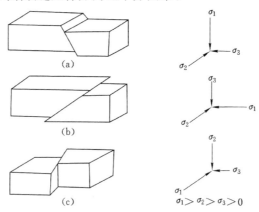

图 5-7 不同断层的地应力分布情况
(a) 正断层;(b) 逆断层;(c) 平推断层

(2)裂缝扩展所需的压力

水力压裂裂缝分析显然是个三维问题,其数学解特别复杂甚至无解[181]。可以应用有限元法对有些问题求解或者把裂缝分析简化为两维问题进行分析。

在无限大的平面板中,可以将由水力作用产生的垂直的裂缝视为一条 I 型穿透性的裂纹(该裂纹被称为 Griffith 裂纹),该裂纹的缝隙高度为 $2a$,见图 5-8,高压注水压力 P_i 作用于裂纹内,同时最小的水平地应力 σ_2 也作用在与裂纹面垂直的方向上。

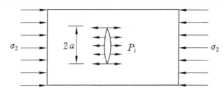

图 5-8 裂缝二维问题示意图

根据线弹性力学的研究结果,该 Griffith 裂纹顶端附近应力场与裂纹顶端附近的 K_1 值

（K_I表示的是"应力强度因子"，I表示 I 型张开型裂纹）是正比的关系。当K_I达到K_{IC}时（应力强度因子临界值），其端部的应力应变足够大以至于使得裂纹失稳，进而裂纹将会进一步地延伸，最终使得材料发生断裂破坏[182]。K_{IC}为材料的断裂韧性，一般情况下它是一个常数，可通过实验室实验来确定。该常数由 E（材料的弹性模量）、ν（泊松比）以及 γ（比表面能）来表示[183]：

$$K_{IC} = \sqrt{\frac{2E\gamma}{1 - \nu^2}} \tag{5-16}$$

根据线弹性力学有关强度因子的计算公式，图 5-8Griffith 裂纹的材料断裂韧性为：

$$K_I = (P_i - \sigma_2)\sqrt{\pi a} \tag{5-17}$$

在垂直应力（σ_3）为最小主应力的情况下，压裂将产生水平圆盘裂纹，假设圆盘半径为 R，那么有：

$$K_I = \frac{2}{\pi}(P_i - \sigma_3)\sqrt{\pi R} \tag{5-18}$$

当裂纹破裂失稳扩张时，由式(5-16)至式(5-18)可以推导出裂缝扩展所需的压力：

① 对于垂直裂缝：

$$P_i = \sigma_2 + \sqrt{\frac{2E\gamma}{\pi a(1 - \nu^2)}} \tag{5-19}$$

② 对于水平裂缝：

$$P_i' = \sigma_3 + \sqrt{\frac{\pi E\gamma}{2R(1 - \nu^2)}} \tag{5-20}$$

以上的推导说明，裂缝扩展的压力除与最小的地应力有关外，还与压裂裂缝的类型、裂缝的尺度大小及压裂对象的材料性质有关。从式(5-19)及式(5-20)看出，相同的条件下，垂直裂缝(Griffith 裂缝)扩展所需的压力要比水平裂缝(圆盘形裂缝)所需的压裂液压力要大[184]；水力压裂时，缝隙扩展所需压力反比于缝隙尺寸的二分之一次方，这表明：裂缝扩张及延伸时，裂缝扩展需压裂液的压力反比于裂缝尺寸的大小。相对而言，裂缝尺寸越大，裂隙延伸越容易进行[185-186]。

5.3 轴压、围压变化条件下煤体裂缝生成和延展实验

5.3.1 实验目的与方法

本实验的目的是研究煤样试件围压及轴压变化条件下煤体裂缝的生产和延展方向。由第 4 章的实验结果可知，硬度较小的煤采取水力压裂措施后煤体极易被压实，裂隙不能得到贯通，本次实验选择硬度较大的大宁煤矿 3 号煤硬煤样作为实验对象。

在压裂液中加入高锰酸钾使压裂液颜色变红，以便于压裂结束后更好地观测裂隙的分布[187]，如图 5-9 所示。

5.3.2 实验方案

按照表 5-2 的实验组合在轴压 5 MPa，围压为 2 MPa、3 MPa 情况下（轴压大于围压）以

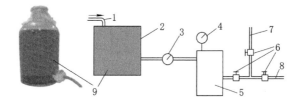

图 5-9　水力压裂系统图

1——水管;2——水箱;3——水表;4——压力表;5——计量泵;6——阀门;7——放空管;

8——接往系统进口;9——高锰酸钾液体

及围压为 5 MPa,围压为 2 MPa、3 MPa 情况下(围压大于轴压)分别对大宁煤矿 3 号硬煤四个原煤样(图 5-10)进行高压水加载实验,记录试件加载压力随时间的变化,当注水压力达到煤样的完全破裂压力后,注水时间持续 60 s 停泵。从图 5-10 可以看出,压裂前大宁煤矿 4 个原煤样外表光滑均没有裂缝存在。

表 5-2　　　　　　　　　　　　　　　　实验方案组合

煤样来源	煤样编号	加载轴压/MPa	加载围压/MPa
大宁 3 号硬煤	DN1	5	2
	DN2	5	3
	DN3	2	5
	DN4	3	5

图 5-10　高压水载荷前大宁煤矿 3 号煤 4 个原煤样

5.3.3　实验结果

(1) DN1、DN2 两煤样实验结果

轴压大于围压情况下,大宁煤矿 3 号煤 DN1、DN2 两个煤样试件的加载压力随加载时间的动态变化曲线如图 5-11 所示。

从注入图 5-11 的泵压力动态变化曲线可以看出,泵注压力达到一定数值时(数值上大约等于围压加试件的抗拉强度),裂缝开始形成,压裂液体填充到高压水所形成的裂缝中,压力骤然降低[188-190]。在试件裂缝延伸并未完全破裂阶段,泵注压力略高于水平应力(此处为

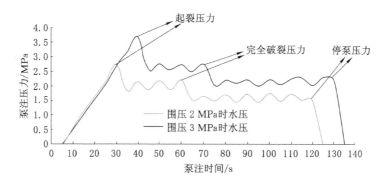

图 5-11　轴压 5 MPa 条件下大宁煤矿 3 号煤原煤样水压加载动态变化曲线图

试件周围加载的径向围压)并在较小范围内变化;当泵注压力达到试件的完全破裂压力后,泵注压力再次大幅突降,泵注压力在略小于水平应力或等于水平应力的范围内浮动,裂隙持续向前发展延伸直至注水大约 60 s 停泵。

高压水卸载后,DN1、DN2 煤样压裂试件如图 5-12 所示。

图 5-12　高压水载荷后大宁煤矿 3 号煤 DN1、DN2 原煤样

从图 5-12 大宁煤矿 3 号硬煤 DN1、DN2 两个原煤样破裂后的裂缝形态不难看出,一条主裂缝沿试件的轴向方向发展,与试件径向垂直。两试件的加载轴压均为 5 MPa,围压分别为 2 MPa 和 3 MPa(轴压远大于围压),最小地应力均施加于试件径向,裂缝均为垂直裂缝,沿着最大主应力即轴压方向发展。

(2) DN3、DN4 两煤样实验结果

围压大于轴压情况下,大宁煤矿 3 号煤 DN3、DN4 两个煤样试件的加载压力随加载时间的动态变化曲线如图 5-13 所示。

从图 5-13 所示泵压注压力动态变化曲线可以看出,泵注压力达到一定数值时(数值上大约等于轴压加试件的抗拉强度),裂缝开始形成,压裂液体填充到高压水所形成的裂缝中,压力骤然降低。在试件裂缝延伸并未完全破裂阶段,泵注压力略高于轴向应力(此处为试件上下加载的轴向压力)并在较小范围内变化;当泵注压力达到试件的完全破裂压力后,泵注压力再次大幅突降,泵注压力在略小于或等于轴向压力的范围内浮动,裂隙持续向前发展延伸直至注水大约 60 s 停泵,DN3、DN4 煤样压裂试件如图 5-14 所示。

从图 5-14 所示大宁煤矿 3 号硬煤 DN3、DN4 两个原煤样破裂后的裂缝形态同样可以

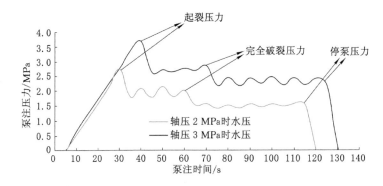

图 5-13　围压 5MPa 条件下大宁煤矿 3 号煤原煤样水压加载动态变化曲线图

图 5-14　高压水载荷后大宁煤矿 3 号煤 DN3、DN4 原煤样

看出，一条主裂缝沿试件的径向方向发展，与试件轴向互相垂直。两试件的加载围压均为 5 MPa，轴压分别为 2 MPa 和 3 MPa（围压远大于轴压），最小地应力均施加于试件轴向，裂缝均为水平缝，也沿着最大主应力即围压方向发展。

5.4　本章小结

（1）分析了压裂煤层的力学特性，并对高压水对煤层的压裂过程进行了定性描述。

（2）对注水钻孔所处的应力状态进行了综合分析；定量计算了水力压裂煤体垂直与水平裂缝的起裂判据，对于垂直裂缝起裂压力 P_i 为：

$$P_i = \frac{\sigma_{抗拉} - (3\sigma_2 - \sigma_1) + P_0\alpha\dfrac{1-2\nu}{1-\nu}}{\alpha\dfrac{1-2\nu}{1-\nu}}$$

对于水平裂缝为 $P_i{}'$：

$$P'_i = \frac{\sigma_{抗拉} - \sigma_3 + P_0\alpha\dfrac{1-2\nu}{1-\nu}}{\alpha\dfrac{1-2\nu}{1-\nu}}$$

（3）分析了垂直裂缝及水平裂缝两种类型压裂裂缝的延展方向，得出裂缝总是沿着最大主应力的方向扩展延伸，根据线弹性断裂力学理论推导了两种类型裂缝扩展所需的注水

压力,对于垂直裂缝起裂压力 P_i 为:

$$P_i = \sigma_2 + \sqrt{\frac{2E\gamma}{\pi a(1-\nu^2)}}$$

对于水平裂缝为 $P_i{}'$:

$$P_i{}' = \sigma_3 + \sqrt{\frac{\pi E\gamma}{2R(1-\nu^2)}}$$

(4)通过改变压裂对象的围压、轴压,使用自行设计、改装的高压水载荷下瓦斯渗流实验装置对大宁煤矿 3 号煤试件进行了多次压裂实验,实验结果进一步验证了裂缝总是沿着最大主应力的方向扩展延伸这一观点。

6 煤岩体水力压裂工艺与施工组织

6.1 压裂方式选择

压裂方式的选择,应充分结合煤矿井下巷道布置情况,应简便安全、不损坏管路和设备、不污染井下作业环境。可供选择的压裂方式有:

① 当煤体有结构相对完整或发育相对完整的分层,能够在煤层中形成完整钻孔时,根据巷道布置情况可以采用巷道内施工顺煤层钻孔 1 和 2,压裂煤层。

② 当煤体结构破坏严重、难以成孔时,可以采用从底板抽放巷(或顶板抽放巷)中施工仰/俯角穿层钻孔 5 和 4,岩段封孔,分别压裂煤层和岩层,还可以选择沿煤层顶底板施工顺层钻孔 3,压裂顶底板。

③ 当目标区为多煤层发育区、煤体结构破坏严重、煤层间距在 20 m 之内,可以从底板抽放巷(或顶板抽放巷)内施工仰/俯角钻孔 4,对此夹层实施压裂,钻孔仰角不限。

对矿井瓦斯涌出来源多、分布范围广、煤层赋存条件复杂的矿井,应采用多种压裂方式相结合的综合压裂方式。

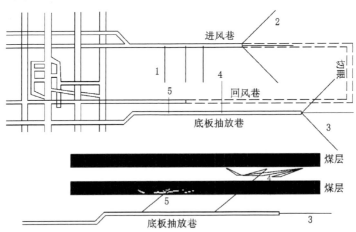

图 6-1 压裂方式示例

(1)本煤层顺层深孔高压注水压裂

在回采工作面进风顺槽,沿煤层倾向打钻,孔径和长度依具体情况而定,加入封孔器,连接管路和注水系统,实施压裂,在工作面回采前预抽瓦斯,本方案有利于钻孔排水和清除煤粉。在工作面长度较大时,可考虑进风顺槽和回风顺槽同时打钻注水压裂,如图 6-2 所示。

(2)煤层顶板抽放巷深孔高压水压裂

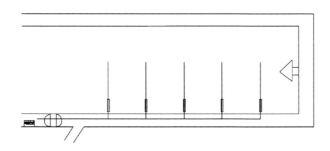

图 6-2 本煤层倾向顺层深孔高压注水压裂示意图

在顶板抽放巷,打倾斜下向钻孔,实施注水压裂。要防止顶板泥岩遇水膨胀。根据瓦斯地质条件的不同,例如瓦斯赋存情况、煤体结构、顶板发育情况等,该种压裂方式压裂目的层的选择即可对煤层顶板实施,也可对煤层实施,以压裂增透效果较好、安全实施为主要考虑原则,如图 6-3 所示。

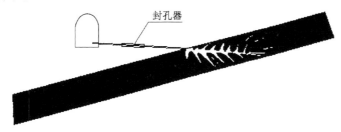

图 6-3 煤层顶板抽放巷深孔高压水压裂示意图

（3）煤层底板抽放巷深孔高压水压裂

在底板抽放巷,打倾斜上向钻孔,实施注水压裂。这种压裂方式有利于钻孔排水和清除煤粉,但要确保底板抽放巷与煤层和奥陶含水灰岩的安全距离,与顶板水力压裂相似,其压裂目的层可根据实际情况选择顶板或煤层,如图 6-4 所示。

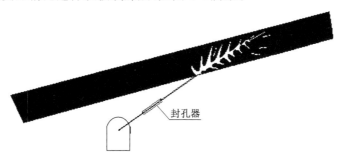

图 6-4 煤层底板抽放巷深孔高压水压裂示意图

（4）顶板顺层深孔高压水力压裂

对于煤体结构破坏严重,本煤层压裂已很难取得理想效果情况下,采用顶板顺层深孔钻孔水力压裂方式最为适合,该种压裂方式也被有关专家称为"虚拟储层"压裂。我国煤层气（瓦斯）资源丰富,但由于含煤盆地经过多期构造运动的破坏,煤体结构普遍破坏严重,煤储层具有"三高、三低"特性,所谓的"软煤"一直是地面煤层气开发的"禁区",同时也是井下瓦斯治理的难点和重点,开展"顶板顺层深孔高压水力压裂卸压增透治理瓦斯研究"无疑给瓦斯治理提出了新的努力方向和解决问题的途径。该种水力压裂方式也是本课题的开展现场试验的主要研究内容,如图 6-5 所示。

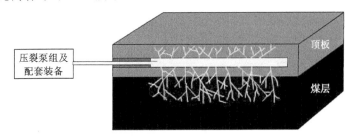

图 6-5　煤层顶板深孔钻孔高压水压裂卸压增透示意图

6.2　压裂前施工参数确定

压裂前收集压裂目标层的参数,如:目标层埋深、温度、厚度、渗透率、弹性模量、岩石硬度、岩石泊松比、含水饱和度、孔隙度、瓦斯含量、原始地层压力、煤层瓦斯压力、顶底板岩性及厚度等基础参数。

由于压裂泵要克服地层破裂压裂、延伸压力、裂缝闭合压裂、管路压力损失等,施工泵压 P_w 的计算公式为:

① 地层破裂压力(p_k)、延伸压力(p_E)和闭合压力(p_C)计算:

$$p_k = \frac{2\left(\frac{\nu}{1-\nu}\right)S_v + 2S_{hi} + A_{pe} \cdot p_i + \sigma_T}{2 - A_{pe}} \tag{6-1}$$

$$p_C = \frac{\left(\frac{\nu}{1-\nu}\right)S_v + S_{hi} + A_{pe} \cdot p_i/2}{1 - A_{pe}/2} \tag{6-2}$$

延伸压力取 P_{FP} 与破裂压力 P_F 的最小值:

$$p_E = \min(p_F, p_{FP}) \tag{6-3}$$

$$p_{FP} = p_c + \left[\frac{2E_v}{L_f(1-\nu^2)}\right]0.5(1 - A_{pe}/2) \tag{6-4}$$

式中　L_f——单翼裂缝长度,m;

E——岩石弹性模量,Pa;

A_{pe}——孔隙弹性常数,

$$A_{pe} = \frac{a(1-2\nu)}{1-\nu} \tag{6-5}$$

式中　ν——泊松比;

a——毕奥特常数,$a = 1 - C_M/C_R$;

C_M——岩石压缩系数,Pa^{-1};

C_R——综合压缩系数,Pa^{-1};

S_v——上覆层应力,Pa;

S_{hi}——在无上覆层和孔隙压力条件下的初始水平应力，Pa；

σ_T——岩石抗张强度，Pa；

p_i——地层内孔隙压力，Pa。

② 压裂管路液柱压力：

$$P_H = 压裂管路高程落差\ H(m) \times 压裂液密度(MPa/m)$$

③ 压裂液沿程摩阻 P_r（MPa）：

$$P_r = 管路长度 \times 管路内该型号压裂液摩阻系数(MPa/m)$$

④ 压裂液在高压尾管处孔眼摩阻 P_f（MPa）。

⑤ 泵注施工压力 P_w（MPa）为：

$$P_w = P_k - P_H + P_r + P_f \tag{6-6}$$

⑥ 压裂施工高压泵功率为施工压力乘以施工排量，压裂泵组数为压裂施工水功率除以单泵水功率。

6.3　压裂组织与实施

6.3.1　施工准备

准备作业包含压裂施工前的各项基础设施布置和改进作业。在压裂设备出发前，应对道路、井口、井下巷道进行勘察；低压管汇到压裂泵组的供水管线必须用钢丝缠绕胶管，并尽可能减少弯曲；高压管汇安装，由孔口到泵头的连接顺序应为：孔口、活动弯头、压力传感器、放空旋塞阀、泵头；添加剂和支撑剂备齐。

6.3.2　压裂前作业

按设计要求，在压裂钻孔内下入压裂管路，封孔并验封合格。

仪表监测和控制面板应摆放在操作指挥车内。

仪表、防爆微机、压裂泵组及遥控操作台等的调试，由压裂泵组、高压管汇、孔口传送来的信号稳定可信，通讯畅通。

距离压裂孔 10 m 内，安设图像、声音传感器等监测仪器。

6.3.3　压裂实施

（1）打压试验

压裂施工人员通知电工送电，开启压裂注水泵进行空转试运行 5 min，检验其稳定性。待压裂注水泵运转正常后，开启送水管路水阀。继续开启压裂泵组试运行 5 min，以检查设备各功能运转是否正常，管路连接是否牢靠安全。

压裂泵组一切正常后，即开始钻孔打压试验，试压过程中保证压裂泵在低档位运行，同时开启泄压阀，通过调节泄压阀控制泵注压力缓慢上升。试验压力上限一般为 10～15 MPa（根据瓦斯地质条件由技术人员确定），上限压力保持 5 min 左右，如果压力未出现明显下降，且孔口未发生漏水卸压现象，证明压裂管路系统以及封孔成功。

（2）压裂过程中压力、排量控制

打压试验正常后,按压裂设计注入高压水,压裂注水过程中按照低档位至高档位连续上调原则,控制泵注压力连续、缓慢上升;待泵注压力达到煤岩体破裂压力后,按照压裂泵组设计参数,在保证压裂泵正常运行前提下,保持高档位持续注水压裂,从而使裂缝得到更好的破裂和延伸;直至泵注压力出现明显的压降后,持续注水 3～5 分钟,然后按照高档位至低档位调档原则,将压裂泵调制空档位,压裂注水过程结束。

（3）数据录入

（4）数据录取

在压裂过程中的每一阶段,严格记录泵入时间、压力、流量等数据。2 名人员负责记录泵注的相关数据,其中,一名记录压裂实施过程中的时间、压力;另一名负责记录注入流量。压裂完成后升井至地面及时整理相关压裂数据并绘制压力—时间、流量—时间、压力—流量曲线图。

6.3.4 压裂后作业

压裂完成后要及时关闭泵组开关、切断泵组电源,同时工作人员做好自然压降数据的记录工作。待压力降至安全数值以下,由现场工作领导小组组长宣布压裂完毕后,由瓦检员、相关试验人员进入压裂地点,检查巷道的支护情况和瓦斯情况,重点检查压裂地点 50 m 范围内的情况,只有当检查范围内的瓦斯浓度小于 1.0% 时,并且巷道支护良好时,才能解除警戒,恢复工作。所有压裂工作结束后,严禁拆除钻孔的封孔装置和压裂管路,只有待孔口压力降到 0 MPa 后才能拆除相关的装置,并且要及时启动排水设备进行排水工作。

（1）洗孔

压裂完成,等压力缓慢卸载后,用 1～2 MPa 的高压水进行洗孔作业。待只有少量煤粒或砂粒排出时停止洗孔,一般洗孔时间为 5～8 min。

（2）排水

压裂水可由孔内自由流出,当孔内水流尽后方可接抽采管路进行抽采。当抽采时,孔内及压裂裂缝中的部分残余水会在抽采负压的作用下流入到抽采管路中;同时,压裂结束初期或抽采期间有可能会发生压裂钻孔瓦斯流量突然增大的状况。因此,为保障抽采管路的安全性、连续性和高效性,特设计制作了一套抗高压的煤、气、水自动分离装置,配合压裂之后的钻孔卸压、排水和瓦斯抽采工作。

（3）压裂后观测及参数测试

压裂之后测试与压裂前相对应地点的瓦斯参数(瓦斯浓度);同时,观测压裂后压裂孔左右 30 m 巷道的形貌,尤其是较为发育的构造附近及煤体裂缝发育地带,观测煤壁是否有出水、巷道变形等情况。并与压裂前对比,如有巷道壁出水等情况,结合泵注程序,初步确定压裂效果及压裂半径。另外,测量巷道两帮之间的距离及巷道顶底板之间的距离,考察是否在压裂过程中发生了巷帮变形及顶底板变形,如若发生变形,则通过压裂前后测定点距离之差计算变形量。

（4）封孔联管抽采

钻孔压裂结束后第 4 天,通过变径接头,将孔内压裂管通过自行设计的高压煤、气、水分离器和巷道已有抽采管路连接(前 3 天进行瓦斯自然流量的测试工作),并在孔口抽采管上留有相应的接口进行抽采浓度、抽采流量等参数的测之后,每日观测一次相应参数并记录。

连续观测时间不少于 20 天。

6.4　安全防护措施

6.4.1　管理措施

召开施工安全分工班前会,贯彻安全技术措施,明确安全负责人,落实避灾路线和救援预案等。应急预案应在施工前进行演练。

施工操作人员必须经过专门培训,应熟悉设备各项性能和操作要求,经考核合格持证上岗。

压裂施工设备入井前应编号,按编号顺序入井、运输、停靠、安装。

压裂施工首先成立现场指挥部,指挥部设在矿调度室,统一指挥、协调。

压裂现场必须与指挥部保持联系,压裂期间定期通话。

施工前,由现场指挥向施工人员进行现场安全教育。

压裂施工前,在施工巷道车场反向风门外设置警戒点,安装直通调度室的电话,每一个警戒点配置不少于 2 名救护队员,施工期间负责警戒和安全监护,将人员全部撤到反向风门以外。

压裂结束经现场指挥许可,由不少于 2 名救护队员进入察看,确认无异常后技术人员方可进入。

经工程技术人员现场观察描述后,报告指挥部,宣布压裂结束,通知相关施工单位恢复电源和正常工作。

施工中发生紧急情况时,现场人员及可能波及的人员应严格按照应急预案要求实施自救或互救,向相关部门汇报。

按设计要求排液和进行后续施工。

6.4.2　通风系统及瓦斯管理

通风系统可靠,设施完善。

压裂设备与压裂孔口之间必须设置两道牢固可靠的防突风门,压裂施工前要检查风门关闭情况,确保安全可靠。

根据设计要求,增设瓦斯传感器、声像传感器和通信线路。

压裂施工期间,矿井瓦斯监测中心必须连续观测压裂影响区域内的瓦斯变化情况并打印记录,发现异常立即报告指挥部。

压裂施工设备安设区域下风侧 10 m 处,应设置断电值为 0.5% 的瓦斯传感器,区域内应无易燃物。

压裂施工前,切断影响区域内(除监控仪器外)的一切电源。

在水力压裂完成后与压裂钻孔连接起来实施卸压和瓦斯抽采之用。

6.4.3　机电运输管理

压裂设备,必须达到下列安全要求:有"MA"标志,新设备试验需编制专门措施,经施工地企业技术负责人批准;完整,无泄漏及其他故障;阀门开关灵活,提示标识清晰可辨;计量仪表和限压保护及其他指示、报警、控制装置完好;安全阀有效,卸压管畅通、安装牢靠、接入压裂泵吸入总成或储液罐;防护设施齐全、可靠。仪器、仪表计量器具等符合等级精度要求。

巷道内移运压裂设备时,运输线路内一侧从巷道轨面起 1.6 m 的高度内,运输车上压裂设备的最突出部分,与巷帮支护、管道和线缆吊挂的距离不得小于 0.3 m。

巷道内组装压裂设备时,压裂设备与巷帮最突出部分、管道和线缆的距离应不小于 0.5 m;压裂泵泵头和动力端与巷帮支护的距离应满足设备检查和维修的需要,并应不小于 0.7 m。

压裂设备一般应水平摆放,巷道坡角在 3‰ 以上时,必须有可靠的防滑装置或落地。

距压裂泵 20 m 以远设定安全警示线(带)及安全标志,无关人员严禁入内。

加强高压管路系统管理,每次使用前必须派专人对高压管路、压裂孔、连接头、高压管路快速接头等系统部件进行检查,发现问题及时处理,确保管路固定牢稳,密封良好。

6.4.4 巷道支护管理

在压裂孔所在巷道内孔口前后各 50 m,孔底指向的巷道内压裂对应位置前后各 50 m 范围标注测点,每 10 m 一个,观测压裂施工前后顶底板和煤层位移情况。

必须在压裂孔所在巷道内孔口前后各 50 m 范围内加固巷道。

孔口应采用专用固定装置或其他方式固定。

6.4.5 安全防护

现场施工人员应正确穿戴和使用劳动防护用品及其他防护用具。

设备摆放区及警戒点处应安装足够数量的压风自救。施工现场应配备不少于 4 具 8 kg 以上干粉灭火器。特殊需要时按应急预案执行。

压裂设备与压裂孔口之间距离一般应不少于 300 m。

压裂专用操作指挥车,下井前在地面全负荷试运行 5 h 以上,检查各项装置和配套工器具、接口、备用救生品按要求完整有效。避险指挥舱使用 5 次后,应当就地或升井检修。高压管路使用一定次数后,应按时进行检测检验,并及时升井报废处理。

7　顶板水力压裂卸压增透机理与技术工艺

7.1　顶板水力压裂卸压增透机理

水力压裂技术是改造低渗透储集层,使其达到工业性开采最经济有效的增产措施之一,目前该技术已基于地面钻井广泛应用于油、油气藏、煤层气藏以及地热井资源的开采,近年来,随着瓦斯治理工作的需要,在煤矿井下也不断得到重视和应用。水力压裂理论的核心就是通过钻井(钻孔)向煤岩体压入流体,当液体压入的速度远远超过煤岩体的自然吸水能力时,由于流动阻力的增加,进入煤岩体的液体压力就会逐渐上升,当超过煤岩体的凝聚力时,煤岩体就会发生破坏和开裂,从而形成加速液体或气体渗流的裂隙网络通道,即煤岩体渗透性就会大大增加。对于煤层瓦斯抽采而言,水力压裂条件下压开的裂隙就为煤层瓦斯的流动创造了良好的条件。

7.1.1　煤岩体水力压裂适用性分析

多年的科研和生产实践,尤其是瓦斯抽采经验表明,瓦斯和煤岩除有"共生"、"共储"的特点(即煤岩体内既是生气源,又是瓦斯的储气源)外,瓦斯只是在煤体直接被开采和围岩体在采动影响下产生变形、破断后才会有大量的运移,包括瓦斯的渗流、扩散、升浮,向采场涌出、突出等。

因此,对于低渗透的含瓦斯煤岩体,在通过人工水力压裂技术对煤岩体进行改造时,其主要目的都在于提高煤层的透气性,就有必要对煤岩体的压裂适用性进行分析,即不同瓦斯地质条件下本煤层压裂和围岩(顶、底板)压裂哪种压裂对象更为合理和有效。对于水力压裂而言,无论是本煤层还是岩层,其本质差别在于其岩性的不同,主要反映了相应的物理力学性质之间的差异,煤岩的力学性质主要指岩石的变形特征和强度特征。煤岩的变形特征常用应力—应变关系来表示,应力—应变曲线是判定煤岩体破裂的标准,为了更好地分析水力压裂对储层的改造效果,下面以实验室测定的煤岩体典型全程应力—应变—渗透率演化特征曲线(图 7-1)为依据,揭示不同性质煤岩体其水力压裂效果适用性。

从煤岩体的全程应力—应变—渗透率演化特征曲线图上,可以看出煤岩体在外力作用下破坏过程的应力—应变特征可划分为两个区、六个阶段。峰前区包括 *OA* 段(裂隙闭合阶段)、*AB* 段(弹性阶段)、*BC* 段(弹塑性阶段)及 *CD* 段(塑性阶段)四个阶段;峰后区包括 *DE* 段(沿层界面滑移破坏阶段)和 *EF* 段(揉搓流变破坏阶段)。从图 7-1 可以发现,与煤岩体的应力—应变特征曲线相一致,煤岩体在外力破坏作用下,渗透性随应力—应变保持相同的演化规律。

①　OA 段——此阶段对应于顶底板岩层或本煤层原生结构煤,煤体基本上未受外力破

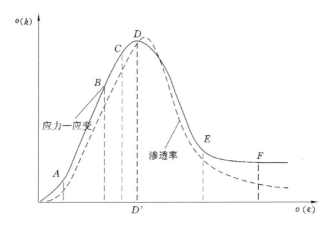

图 7-1 煤岩体典型全程应力—应变—渗透率演化规律示意图

坏,在轴向压力作用下,煤内部与轴向呈垂直或倾斜的原生裂隙受压呈闭合状态,其对应的应力—应变曲线表现为轴向应变量较大,而应力相对较小,变形曲线呈上凹趋势。

② AB 段——此阶段仍然对应于顶底板岩层或原生结构煤体,煤岩样除产生弹性变形外,还表现为部分微裂隙摩擦滑动,开始不稳定扩展破裂,煤层内部有少量微裂隙产生,应力—应变数值不稳定跳跃,产生的变形曲线大体呈直线状。

③ BC 段——此阶段对应于碎裂结构煤体,煤岩体破裂前的扩容现象明显,此时煤体的非弹性体积增长,煤岩体新裂隙大量出现,之前的微裂隙长度、宽度再扩展,裂隙条数密集,新老裂隙开始转化连接、沟通。

④ CD 段——此阶段对应于碎裂煤形成阶段,变形曲线呈上凹趋势,煤岩扩容量已达到煤体应力—应变的峰值,当应力达到并超过煤体抗压强度时,煤岩开始产生宏观断裂,这一现象发生的较为迅速和突然。此阶段对应的结构煤体,渗透率本身已经比较大,在一定围压作用下,水力压裂增透的效果已不是十分明显,同时压裂过程中的压裂液滤失现象也较为严重,一般情况下不再考虑进行水力压裂。

⑤ DE 段——此阶段对应于碎裂煤晚期和碎粒煤早期的形成过程,煤体应力越过峰值、失稳破裂,被贯通裂隙分割后的煤体沿贯通裂缝发生滑移,同时有新的裂隙面继续扩张贯通,煤的力学强度急剧下降。

⑥ EF 段——此过程对应于糜棱煤体形成阶段,表现为裂隙面不再扩展,煤体破碎程度增大,揉搓作用下形成流动破坏,到最后出现煤颗粒的压实、压密,渗透率急剧下降。

从以上关于煤岩体全程应力—应变—渗透率演化特征曲线图阶段分析可以看出,在外力破坏作用下,随破坏程度的加大,煤体渗透率具有呈抛物线形状变化特征。井下水力压裂其实也是破坏煤岩体结构的一种手段,要使水力压裂增透的效果达到最优,煤岩体本身的物理力学性质及结构特征对水力压裂效果有很大的控制作用。一般而言,对于砂岩、灰岩等岩性的煤层顶底板以及原生结构煤,由于其杨氏模量较大,更容易发生脆性变形,裂隙网络连通的较为充分,渗透率能得到快速升高;而对于煤体结构破坏过于严重的"软煤",由于煤体结构在揉搓作用下本身已经受到流动破坏,煤颗粒的压实、压密,渗透率已经急剧下降,如果再次对其进行水力压裂,不但起不到水力压裂应有的效果,并且还对煤体渗透率造成了不可逆转的破坏。

因此,基于以上研究和探讨,在对煤岩体水力压裂改造适用性进行分析时,可对煤岩体压裂适用性作如下定性分析,见表7-1。

表 7-1   煤岩体水力压裂适用性定性分析表

煤岩体性质或结构	水力压裂适用性	原因分析
顶底板岩层	除遇水膨胀岩外均适用	可作为"虚拟"储层进行压裂增透
原生结构煤	适用	需要压裂改造加以增透
碎裂煤	较适用	可通过压裂进一步增透
碎粒煤	适用性较差	产生有用裂缝少
糜棱煤	适用性差	很难产生有用裂缝

7.1.2   顶板水力压裂钻孔起裂机理分析

7.1.2.1   压裂孔高压注水过程中钻孔周边应力分析

当压裂孔沿煤层顶板顺层布置时,在不考虑原岩应力场的应力作用而只考虑钻孔内水压力作用条件下时(图7-2),根据弹性力学理论可知:

$$\sigma_r = \frac{A}{r^2} + 2C \tag{7-1}$$

$$\sigma_\theta = -\frac{A}{r^2} + 2C \tag{7-2}$$

$$\tau_{r\theta} = \tau_{\theta r} = 0 \tag{7-3}$$

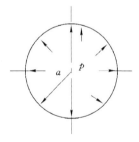

图 7-2   钻孔内水压力图

边界条件为:$\gamma = \alpha$ 时,$r \to \infty$;λ 时,$\sigma_\gamma = 0$。

将边界条件代入式(7-1)得 $A = \alpha^2 p$,$C = 0$。

将 A 和 C 代入式(7-1)和式(7-2)得到不考虑原岩应力场时只考虑钻孔内水压力条件下围岩中的弹性应力:

$$\sigma_\gamma = \frac{\alpha^2 p}{r^2} \tag{7-4}$$

$$\sigma_\theta = \frac{\alpha^2 p}{r^2} \tag{7-5}$$

在钻孔周边位置处,$\gamma = \alpha$,切向应力为;

$$\sigma_\theta \mid_{r=a} = p \tag{7-6}$$

由此可见,钻孔周边的切向应力为拉应力,其大小等于钻孔内水的压力 p。

由于钻孔注水压裂过程是先形成钻孔,而后才向孔内注入高压水,有一个先后顺序,故在起裂前钻孔周边的切向应力,是以上两个过程所产生的切向应力的叠加。

未注水压裂前压裂孔围岩应力以及周边应力为分别为:

$$\sigma_\theta = \frac{1+\lambda}{2}q_0\left(1+\frac{a^2}{r^2}\right) + \frac{1-\lambda}{2}q_0\left(1+3\frac{a^4}{r^4}\right)\cos 2\theta \tag{7-7}$$

$$\sigma_\theta = (1+\lambda)q_0 + 2(1-\lambda)q_0\cos 2\theta \tag{7-8}$$

分别将式(7-7)与式(7-5)、式(7-8)和式(7-6)合并,可得到压裂孔压裂注水后钻孔围岩内的切向应力和钻孔周边的切向应力,分别为:

钻孔围岩内的切向应力:

$$\sigma_\theta = \frac{1+\lambda}{2}q_0\left(1+\frac{\alpha^2}{r^2}\right) + \frac{1-\lambda}{2}q_0\left(1+3\frac{\alpha^4}{r^4}\right)\cos 2\theta - \frac{\alpha^2 p}{r^2} \tag{7-9}$$

钻孔周边的切向应力:

$$\sigma_\theta\,|_{r=a} = (1+\lambda)q_0 + 2(1-\lambda)q_0\cos 2\theta - p \tag{7-10}$$

7.1.2.2 压裂孔高压注水过程中钻孔起裂分析

(1) 理论条件下压裂孔起裂分析

从式(7-9)可以看出,当钻孔注入高压水后,钻孔周边的切向应力取决于侧向应力系数 λ、铅垂应力 q_0、方向角 θ,以及孔内水压 p。

结合图 7-3,由于钻孔围岩只受垂直和水平两个方向的力,所以现取方向角 $\theta=0°$ 和 $\theta=90°$ 两种情况进行讨论。

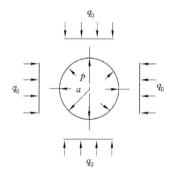

图 7-3　高压注水钻孔受力示意图

当 $\theta=0°$ 时由式(7-10)得:

$$\sigma_\theta\,|_{r=a,\theta=0} = (3-\lambda)q_0 - p \tag{7-11}$$

可见若发生孔壁起裂,σ_θ 必须小于零即为拉应力,且满足:

$$|\sigma_\theta| > |R_t| \tag{7-12}$$

式中　R_t——煤的抗拉强度。

若不考虑正负号只考虑数值大小,则应满足:

$$p - (3-\lambda)q_0 > R_t$$

即:

$$p > (3-\lambda)q_0 + R_t \tag{7-13}$$

当 $\theta=90°$ 时,同理由式(7-10)得:

$$\sigma_\theta \mid_{r=a, \theta=90°} = (3\lambda - 1)q_0 - p \tag{7-14}$$

此时若发生孔壁起裂同样满足式(7-12),则此时可得:

$$p > (3\lambda - 1)q_0 + R_t \tag{7-15}$$

由此可知若钻孔起裂发生在钻孔壁两帮边缘中点位置处,则注水压力必须满足式(7-13);若发生在钻孔壁上、下边缘位置处,则注水压力必须满足式(7-15)。在注入压裂液时,随着水压力的增加,起裂的位置应先发生在满足起裂条件的位置处,这时就要看式(7-13)和式(7-15)哪个条件先期满足,此时,取决于侧向应力系数λ。

从式(7-10)可知:

① 当$\lambda=1$时,切向应力为:

$$\sigma_\theta = 2q_0 - p \tag{7-16}$$

表现出起裂失去了方向性,即在等压应力场中起裂的方向与θ无关。

② 当$\lambda<1$时,式(7-15)的右端小于式(7-13)的右端,此时起裂的位置应位于钻孔壁的竖轴位置处,即孔壁上$\theta=90°$和$\theta=270°$位置处。

③ 当$\lambda>1$时,式(7-15)的右端大于式(7-13)的右端,此时起裂的位置应位于钻孔壁的两帮中点位置处,即孔壁上$\theta=0°$和$\theta=180°$位置处。

无论起裂位置如何,其起裂压力临界值必将为:

$$\min\{(3-\lambda)q_0\} + R_t, (3\lambda - 1)q_0 + R_t$$

(2) 实际地质条件下压裂孔起裂分析

以上起裂条件及起裂位置的分析是建立在理论分析的基础上,从 Hoek 和 Brown 统计的全球原岩应力实测结果来看,侧向应力系数与地下深度存在如下关系:

$$\lambda = \frac{1\,500}{h} + n \tag{7-17}$$

式中　h——地下深度,m。

依据上式,当$\lambda<1$时,深度$h>2\,143\sim3\,000$ m,当$\lambda>$时,深度$h<2\,143\sim3\,000$ m。而实测中的结果是:在深度小于 1 500 m 的浅部,$\lambda=1\sim3$;在深度大于 1 500 m 的深部$\lambda=0.5\sim1.5$,无论如何,都说明在目前矿井开采深度条件下$\lambda>1$。这样从上面的理论分析可知,钻孔起裂的位置应位于钻孔壁的两帮中点位置处,即方向角$\theta=0°$和$\theta=180°$位置处此时满足式(7-13)。

设想在深度 500 m 位置处,铅垂方向上的压力将达到$q_0=1\,250$ t/m³(取上覆岩层内岩石的平均容重为 2.5 t/m³),此时若满足起裂条件式(7-13),则所需要的压力很大,而从油、油气以及煤层气开采中采用的注水压裂研究资料显示,注入水的压力并不需要如理论计算的那样大,而是普遍小于理论计算值。

通过分析,本研究认为实际压裂压力小于理论计算值主要与以下一些因素有关:

① 煤岩体中的原生裂隙。

由于原始裂隙的存在,并与钻孔呈不同角度方向相连,钻孔在内水压力作用下孔周发生微小变形,裂隙面就会张开,使压裂液进入其中,便开始了起裂过程。因此,不需要太大的压力,只要变形满足原生裂隙面的张开条件,便开始了起裂。

另外,由于孔周裂隙分布状态差异较大,有的裂隙面与孔轴平行、有的斜交、有的垂直,而应力本身又具有方向性,所以总存在一组裂隙,其裂隙面上的垂直压力很小,不足以使裂隙完全闭合,这便使压裂液很容易进入其中,开始起裂。

由此可见,实际注水压力取决于与钻孔呈某一角度的某组裂隙的裂隙面黏结程度,该组裂隙的最大特点是在垂直裂隙面上的原岩压应力最小,裂隙面黏结力很弱。

② 覆岩的支挡作用。

斯科特(Scott)等认为,由于沿地层铅垂方向上,在不同深度位置处覆岩在厚度和刚度上存在很大差异,而相对于广阔的地层来说,煤层的开采空间是很小的,因此受地下人类工程活动的影响范围也是有限的,不足以使上覆岩层的重量全部累积施加在工作空间深度位置处,而是在覆岩的某位置处存在一稳定的岩层,该层以上的岩层重量由该层所承担,从而对下部岩层起到支挡作用,造成实际铅垂方向的应力小于上覆岩层的全部重量值。因此,在水力压裂过程中,一般需要很大的注水压力就可以使钻孔壁发生起裂。

③ 钻孔围岩中裂隙的存在。

由于煤层中存在大量裂隙,构成裂隙网络,在原始环境条件下,这些裂隙中依靠瓦斯气体压力维持其张开状态。当钻孔形成后,由于瓦斯通过渗流沿钻孔排出,便为钻孔在内水压力作用下的径向变形提供了空间。这样,与钻孔壁呈一定角度相连的裂隙面很容易起裂,这也是导致注水压力小于理论计算起裂压力的原因之一。

基于以上原因,在计算原岩应力时中引入地层应力系数 $k(0 \leqslant k \leqslant 1)$。

$$k = \frac{\sigma_s}{q_0} \tag{7-18}$$

式中 σ_s——实际铅垂方向上应力值的大小,据此相应以上各式中的 q_0 以 σ_s 取代。

7.1.3 顶板水力压裂裂隙的扩展延伸机理

7.1.3.1 裂隙端部扩展延伸受力分析

如图 7-4 所示,在裂隙弱面充水空间的端部受以下几个力的作用。

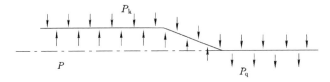

图 7-4   弱面充水空间受力图

(1)有效水压力产 p'

有效水压力(p')是指考虑到注入水与煤体之间产生毛细浸润和沿弱面方向上的的渗失,实际在弱面充水空间对弱面起膨胀作用的压力,其计算公式为:

$$p' = p_0 - p_1 \tag{7-19}$$

式中 p_0——注水压力;

p_1——渗失水压力,$p_1 = N \cdot p_0$(N 为注水压力渗失系数且 $0 \leqslant N \leqslant 1$)。

(2)弱面的黏结力 R_d

由于不同弱面的黏结程度不同,相对来说,层理面和一些有充填介质的切割裂隙,弱面的黏结力与充填介质和弱面壁之间的连接程度有关,其值等于弱面间受水浸润后的黏结力 C_w;无充填介质的弱面,且在两壁面之间处于闭合时,此时面间无黏结力,其值为 0;对于煤

分层中的原生微裂隙,其黏结力与分层煤的抗拉强度 R_t 相当,可视为两者相等,即:

$$R_d = \begin{cases} C & \text{(有充填介质的弱面)} \\ R_t & \text{(原生微裂隙)} \\ 0 & \text{(无黏结力的弱面)} \end{cases} \qquad (7\text{-}20)$$

式中 R_d——弱面间的黏结力。

(3) 弱面延展平面上的法向应力 p_k

这里不考虑与弱面所在平面平行方向的应力对弱面的影响,只考虑与弱面所在平面垂直方向的应力作用。由于弱面所在平面与原岩应力场中的垂直应力的大小也不一样,可通过下式计算:

$$p_k = p_x \sin\alpha + p_y \sin\beta + p_z \sin\gamma \qquad (7\text{-}21)$$

式中 p_x, p_y, p_z——水平面上沿 x 和 y 方向的主应力、铅垂方向的主应力;

α, β, γ——弱面延展面与 x、y、z 方向之间的夹角。

由原岩应力的组成及分布规律可知:

$$\begin{cases} p_z = kq_0 = k\gamma H \\ p_x = \lambda_1 kq_0 = \lambda_1 k\gamma H \\ p_y = \lambda_2 kq_0 = \lambda_2 k\gamma H \end{cases} \qquad (7\text{-}22)$$

式中 λ_1, λ_2——x、y 方向上的侧向应力系数;

k——地层系数,考虑到弱面的外围各种弱面、地层结构等的影响所采用的系数。

7.1.3.2 裂隙端部扩展延伸的力学条件

弱面的扩展延伸是从弱面空间周边端部发生的,若弱面发生扩展延伸,则充入弱面空间的有效水压力必须克服延展面上的法向应力,即克服法向原岩应力和弱面之间黏结力,即应满足条件:

$$p' > p_k + R_d \qquad (7\text{-}23)$$

现根据弱面的性质不同分别进行考虑:

(1) 有充填介质的弱面

根据前面的分析,对于有充填介质的弱面,将式(7-20)及式(7-22)代入式(7-23)中,得:

$$p' > k\gamma H(\lambda_1 \sin\alpha + \lambda_2 \sin\beta + \sin\gamma) + C_w \qquad (7\text{-}24)$$

由上式可知,若弱面空间周边端部发生扩展延伸,有效水压临界值为:

$$p' = k\gamma H(\lambda_1 \sin\alpha + \lambda_2 \sin\beta + \sin\gamma) + C_w \qquad (7\text{-}25)$$

将式(7-19)代入可知,此时的注水压力为:

$$p_0 = k\gamma H(\lambda_1 \sin\alpha + \lambda_2 \sin\beta + \sin\gamma) + C_w + p_t \qquad (7\text{-}26)$$

(2) 无充填介质弱面,且壁面处于闭合状态

此时,$R_d = 0$,同样将式(7-26)及式(7-25)代入式(7-24)中,得:

$$p' > k\gamma H(\lambda_1 \sin\alpha + \lambda_2 \sin\beta + \sin\gamma) \qquad (7\text{-}27)$$

由上式可知,若弱面空间周边端部发生扩展延伸,有效注入水压力临界值为:

$$p' = k\gamma H(\lambda_1 \sin\alpha + \lambda_2 \sin\beta + \sin\gamma) \qquad (7\text{-}28)$$

相应将式(7-19)代入上式可得注入压力为:

$$p_0 = k\gamma H(\lambda_1 \sin\alpha + \lambda_2 \sin\beta + \sin\gamma) + p_t \qquad (7\text{-}29)$$

(3) 煤分层中的原生微裂隙

同理可得到微裂隙充水空间周边端部发生扩展延伸时,其注入水压力临界值为:

$$p' = k\gamma H(\lambda_1 \sin \alpha + \lambda_2 \sin \beta + \sin \gamma) + R_t \qquad (7-30)$$

相应将式(7-19)代入上式可得注入水压力为:

$$p_0 = k\gamma H(\lambda_1 \sin \alpha + \lambda_2 \sin \beta + \sin \gamma) + R_t + p_t \qquad (7-31)$$

由此可知,对于不同的弱面,若保证弱面的扩展和延伸,所需要的注入水压力是不同的,相比较而言,对煤岩体中的原生微裂隙面所需要的注水压力最大,其次是充填介质的弱面,最易扩展和延伸的是无充填介质弱面。

7.1.4 顶板水力压裂卸压增透机制分析

压裂钻孔在高压水的作用下发生起裂后水在注入压力作用下进入煤岩体,并在岩体的层理面、切割裂隙以及原生裂隙等各级弱面内通过对弱面面壁产生内水压力,从而产生空间上的膨胀,促使该级弱面发生继续扩展和延伸,并逐步在煤层中相互连通形成贯通网络。各级弱面扩展并延伸的首要条件是必须在煤层内部施加一定的外来压力,即压裂作业中常说的泵注压力,也称孔口压力,该压力由压裂泵进行传递,它是煤层压裂过程中压裂液在煤层内部运动所需动力的主要来源。煤层水力压裂过程中理论施工曲线如图 7-5 所示。

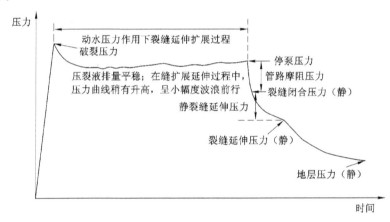

图 7-5　煤岩体水力压裂理论施工曲线示意图

各级弱面在内水压力作用下的扩展和延伸,既要满足注入水压力大于渗失水压力,同时还必须借助于弱面边缘端部封堵带的形成(图 7-6)。在压裂液沿着该弱面延展方向向四周渗失过程中,由于压裂液的携带作用使弱面中的微小固体颗粒一起向前移动,由于颗粒大小不均,在运动过程中,相对大的颗粒在弱面四周先停滞下来,后面小的颗粒受其作用也逐步充填堆积下来,在弱面的四周沿着水的渗流方向上逐步形成封堵带。由于封堵带的阻挡作用,降低了水的渗流速度,使一级弱面内的水逐步积聚,内水压力也逐渐增高,弱面在逐步增高的压力作用下,沿垂直弱面方向上发生扩张,表现出弱面空间高度增加(图 7-7)。

对于不同的弱面,封堵作用的表现形式也不一样。相对来说,当水在层理面和切割节理等弱结合面上发生扩展延伸作用时,封堵作用主要是由充填介质颗粒在压裂液的渗失携带作用下的端部堆积效应形成的;而当水在煤岩体微裂隙上发生扩展延伸作用时,封堵作用则

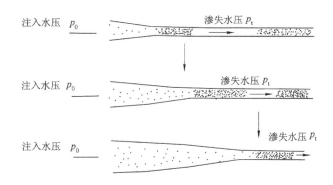

图 7-6　$P_0 > P_t$ 条件下裂隙扩展过程

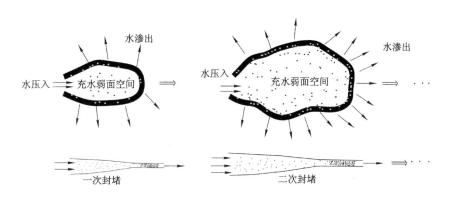

图 7-7　弱面端部封堵及空间扩展过程

主要是由该位置处的联结力所形成的,但此时颗粒的堆积仍起一定作用。

在以上过程中,每一次封堵过程都会导致在弱面充水空间壁面切线方向上产生拉应力,由于后续封堵带的宽度和其封堵作用都会较前一次有所增强,弱面的内水压力也将持续增加,这样势必导致弱面壁面切向拉应力的增加,当该切向拉应力达到能使与其相连的次级弱面起裂的条件时,次级弱面将起裂,水便进入到次级弱面中,从而形成与上一级弱面同样的扩展延伸过程如。如此下去最终在煤层中形成原生弱面之间相互连通的贯通网络(图 7-8),表现出煤岩体在压裂液作用下被压裂,煤岩体透气性在致裂范围内大幅度提高,为煤层瓦斯的流动创造了良好的条件。

由以上水力压裂增透机制分析可知,在高压水力致裂作用下,煤岩体势必发生一定程度的变形和破裂,打破含瓦斯煤岩体原始应力和瓦斯赋存状态,使得煤层中局部区域地应力和瓦斯压力降低,一方面导致吸附、解吸平衡的破坏,在煤层中产生压力梯度,压力梯度造成瓦斯在煤层中的渗流,大量瓦斯由吸附态转化为游离态,因此,煤层中瓦斯发生解吸、扩散和渗流等形式运移;另一方面煤层的变形与瓦斯运移之间存在强耦合作用,即煤层变形引起渗透特性参量、扩散特性参量和吸附特性参量的变化,反过来,瓦斯的运移引起孔隙压力的变化,使得煤层应力发生新的变化,表现为随着煤层瓦斯体积分数的降低,煤层呈现卸压状态。

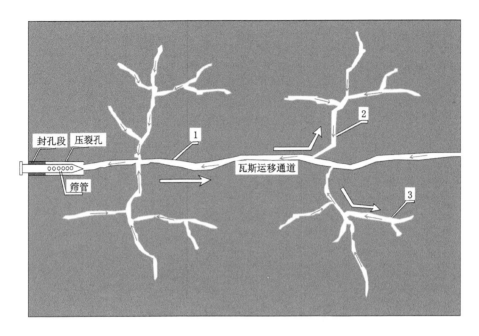

图 7-8　水力压裂裂缝扩展、延伸示意图
1——一级弱面；2——二级弱面；3——三级弱面

7.2　顶板水力压裂治理瓦斯技术方案

水力压裂治理瓦斯技术的应用和实施，即涉及压裂作业的设计、组织与实施，同时还涉及压裂前后瓦斯治理效果的考察与对比，无论是本煤层钻孔水力压裂还是顶板钻孔水力压裂，都需要遵循一个总的技术思路与工艺流程（图 7-9）。煤层顶板水力压裂治理瓦斯技术的关键和核心是通过对煤层上覆顶板的致裂，起到对煤岩体的卸压和增透，进而打破煤层原始应力和瓦斯赋存状态，为瓦斯解吸—扩散—渗流创造良好条件。因此，顶板水力压裂治理瓦斯技术方案的制定与实施必须把压裂施工与瓦斯抽采有机结合起来。

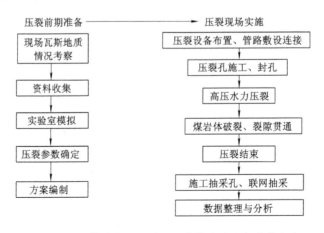

图 7-9　煤岩体水力压裂治理瓦斯技术流程与总体方案

从压裂孔的空间布置来说,可将顶板水力压裂可分为顶板穿层钻孔压裂、顶板顺层钻孔压裂、顶板多分支钻孔压裂,具体就是在煤层的顶板施工钻孔,然后进行水力压裂使钻孔与煤层沟通。以往瓦斯经过长距离扩散至抽放钻孔,运移速度缓慢是主要弊端。在煤层顶底板实施钻孔,水力压裂后瓦斯以最短距离扩散至顶底板缝隙所形成的"网络系统"上(图 7-10),然后以渗流快速产出,与原来主要以扩散为主瓦斯抽采相比,提高了瓦斯抽采覆盖面和抽采效率。

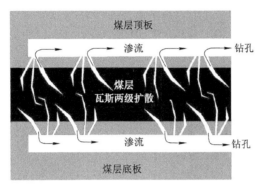

图 7-10 煤层顶底板压裂加速瓦斯产出示意图

(1)顶板穿层水力压裂孔方案

穿层钻孔水力压裂可利用现行的顶底板巷道,施工穿层钻孔进行煤层+顶底板压裂,实现瓦斯快速抽采,主要用于解决掘进巷道消突和瓦斯超限问题。一般情况下,进行顶板压裂的煤层都属于"软煤",其压裂增透适用性较差,所以利用穿层钻孔水力压裂,在设计和布置压裂孔时,为达到更好的卸压增透效果,可按一定角度在压裂孔径向方向布置数个导向孔,布孔示意图如图 7-11 所示,这些导向孔压裂过程中不但可以起到水力冲孔、卸压、释放地应力的作用,而且可以作为压裂后的抽放孔对游离瓦斯进行抽采。

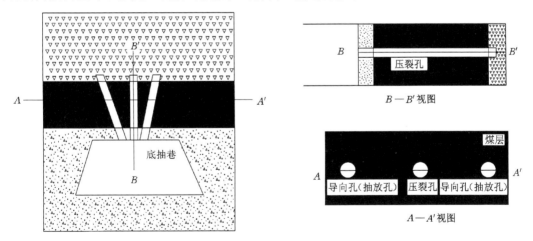

图 7-11 煤层顶底板穿层钻孔压裂布置示意图

(2)顶板顺层钻孔水力压裂方案

煤层顶板顺层钻孔水力压裂工艺就是在沿着煤层面在顶板岩层中施工钻孔,然后实施水力压裂使煤层的顶板破裂与煤层沟通,建立"煤层扩散→顶板渗流"的瓦斯运移产出通道,相关示意图如图 7-12 和图 7-13 所示。顶板顺层钻孔水力压裂既可用于掘进头瓦斯治理,还可用于回采工作面实施,该种压裂方案的优点是钻孔与煤岩体接出空间大,压裂作业范围广,对实现区域消突有利,瓦斯治理效果理想的情况下,可以考虑替代目前的岩巷。顶板顺层钻孔水力压裂工艺的核心是顶板破裂与煤储层的沟通,由于瓦斯扩散是一个十分缓慢的过程,降低瓦斯在煤储层中的扩散距离是实现瓦斯快速产出的关键所在。因此,在设计顶板顺层钻孔开孔位置时,钻孔与煤层距离一定要合理考虑,不易距离太大,但也不能过小,否则压裂液会过早流窜至煤层。

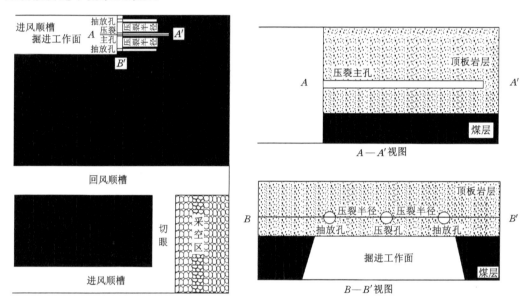

图 7-12 煤层顶板顺层钻孔压裂布置示意图

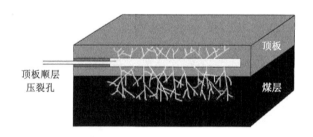

图 7-13 煤层顶板顺层钻孔高压水压裂卸压增透示意图

另外,为使煤层卸压增透效果更好,如"顶板穿层水力压裂孔方案"中所述,也可在施工顶板顺层压裂孔的同时,在压裂影响范围内的本煤层布置导向(抽采)孔,压裂实施过程中顶板顺层孔与本煤层顺层孔互为压裂贯通,为煤层卸压释放更多的空间,煤层消突效果将更好(图 7-14)。

(3)顶板多分支钻孔水力压裂方案

为使顶板压裂钻孔压裂控制范围更广,区域瓦斯治理效果更加突出,也可在煤层顶板施工羽状钻孔,然后对羽状分支孔分别实施水力压裂,裂缝与煤层沟通后建立虚拟储层模式抽

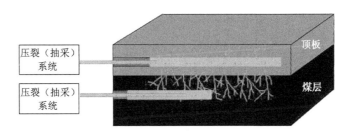

图 7-14　煤层顶板顺层钻孔与本煤层导向钻孔互为压裂抽采瓦斯示意图

采瓦斯,钻孔的布置示意图见图 7-15。该工艺的优点是可以控制顶板裂缝与煤层接触程度,分支孔越多,水力压裂裂缝与煤层接触程度就越高,瓦斯在经历最短距离扩散后直接进入顶板裂缝以渗流产出,瓦斯运移速度快,抽采效果好,该种工艺可在掘进头或回采工作面实施。

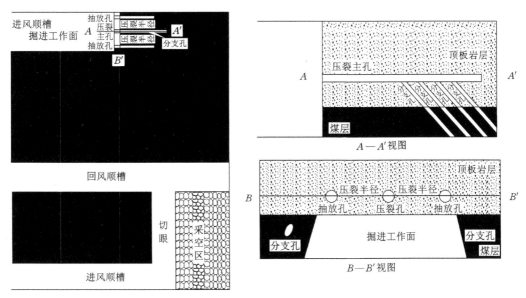

图 7-15　煤层顶板多分支钻孔压裂布置示意图

我们知道目前井工所开采的煤层都赋存于离地表一定深度的地层深部,尽管可以通过人工水力压裂对煤岩体进行致裂增透,但是在一定的上覆岩层重力条件下,随着时间的推移,所产生的裂隙将在一定程度上出现闭合现象的发生,那么对瓦斯的释放和流动就会产生不利影响,为了保持水力压裂增透效果,可根据压裂后瓦斯抽采参数的变化,在原来压裂孔的基础对煤岩体实施多次重复压裂,将更有利于提高瓦斯抽采效率。

7.3　顶板水力压裂设备选型与配套

井下水力化瓦斯治理措施是一项系统工程,既涉及基础理论的研究,又涉及成套技术和装备的研发和有机配合。井下压裂相关关键技术和装备的有效研发,是井下水力化技术成功应用的保证。水力压裂装备主要包括压裂泵、高压管路、钻孔内部管路、封孔装置、混液箱、操作指挥舱等,附属设备包括水阀、压力表、流量表、电控柜等。井下压裂装备连接系统如图 7-16 所示。压裂泵组是井下水力压裂实施主要动力源,是压裂实施的基础,为保证顶板水力压裂现场试验的成功开展,本课题对水力压裂泵组进行了专门研究与选型。

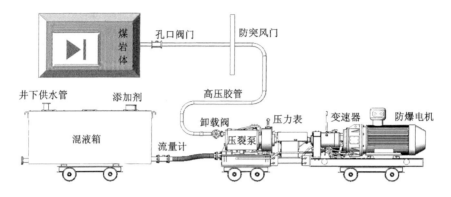

图 7-16　井下钻孔水力压裂装备系统示意图

大型煤层气地面压裂装备多采用柴油机提供动力,设备庞大,受井下作业环境限制,地面压裂设备不能简单地移植到煤矿井下实施作业。以往煤矿瓦斯治理水力措施中曾经采用煤层注水,但由于煤矿现有设施设备能力有限,未达到压裂疏松煤体的作用。这也是长时间以来压裂技术没有在井下推广应用的一个重要原因。课题组根据井下作业环境的实际情况,选择河南省煤层气开发利用有限公司生产的大流量、高压力、体积小、可远距离操控的井下专用压裂泵组(图 7-17),可以满足井下压裂设备性能要求,保证压裂安全有效进行。

图 7-17　井下高压水力压裂泵组实物图

压裂专用泵组型号为"YL400/315",形式为防爆电机＋三缸卧式单作用柱塞泵,可进行单机和多机联合施工作业,能够在－30～40 ℃气候时保证 8 h 连续正常工作。最高工作压力达到 52 MPa,最大工作排量达到 1.128 m³/min。

7.3.1　压裂泵组工作原理及结构

压裂泵由煤矿用防爆电机、护罩、变速器总成、万向联轴器、泵头总成和底座组成。整个泵体可以拆成电机和泵头两个部分,从而方便了泵的井下运输和安装。

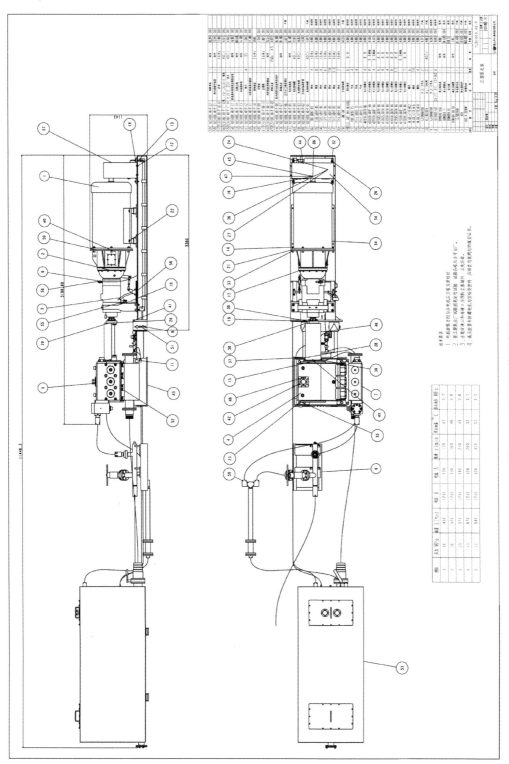

图 7-18 压裂泵结构示意图

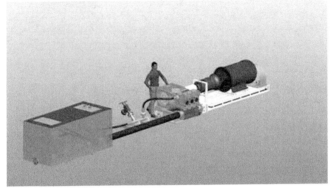

图 7-19　压裂泵结构模型图

主要结构：

表 7-2　　　　　　　　　　　　　　**动力端主要零部件及结构特点**

零件名称	结构特点
曲轴箱体	高强度钢焊接后热处理消除应力,精密镗削加工
曲轴	由整体合金钢锻造并热处理后加工而成。精磨曲轴轴颈。由 4 个重型圆柱滚子轴承支承
连杆	由高强度铸钢精加工而成
十字头	由高强度球墨铸铁精加工而成
十字头导向套	设计成可换的半圆柱形状,由合金铸铁精加工而成
十字头销	由合金钢热处理后精加工而成

表 7-3　　　　　　　　　　　　　　**液力端主要零部件及结构特点**

泵头体	整体式设计,由高强度合金钢锻造整体加工而成
柱塞	柱塞表面喷涂镍基合金涂层后精磨加工而成,硬度≥HRC60
柱塞盘根	"自调"式盘根总成,精密压制纤维增化 V 形压环。精密加工的青铜接合环。不同成分的盘根适用于各种常用的介质有:盐酸、水泥、压裂砂浆、烃类、甲苯等。适应环境温度和液体温度范围广
凡尔总成	锥形阀座带辅助密封圈
凡尔弹簧	弹簧负荷率、弹簧负载以及阀的开启压力均根据油井泵的工况进行独特设计
吸入凡尔固定座	低液体阻力式固定座位于泵头体的高应力表面处
排出法兰	有两个排出口(左和右)。可替换式排出法兰由合金热处理精密加工而成
吸入管汇	有两个吸入口(左和右)。可替换式管汇由高压锻件钢筋加工而成,经压力测试
电磁卸载安全阀	由电磁铁控制卸载,采用外卸载方式

7.3.2　压裂泵组功能特点

（1）压力高、流量大

泵本身是压裂泵系统的核心部件，其可靠性与寿命决定了整个压裂泵系统的寿命。设计的泵型，采用美国先进技术，整合机械制造资源，实行配套生产。压裂泵最大应用压力可达 50 MPa，最大流量可达 1 100 L/min，可以满足不同煤层压裂工艺需要。

（2）压力、流量多级可调

由于不同地质年代地质条件的不同，煤层煤质发育千差万别，为满足不同煤层压裂需求，压裂泵选用八档变速器，同时根据煤矿安全需要，开发了隔爆型专用压裂泵驱动器，可实现实现压力流量多级可调。

（3）压裂泵参数时时监测

根据压裂作业的需要，为保证压裂期间压裂泵正常平稳工作，压裂泵配备有多种传感器，对压裂泵运行参数（流量、压力、油温等）进行时时监测并自动生成工作曲线，压裂作业人员可根据压裂泵工况，现场进行适时调控。

表 7-4　　　　　　　　　　　压裂泵组主要特征参数

泵型	BYW50/315J				
柱塞数量/根	3				
泵组外形尺寸/mm	5 400×1 400×1 600				
泵组重量/kg	8 800				
配套液箱容积/L	5 000				
工作介质	清洁自来水				
进口压力	常压				
电机转速					
电机功率					
柱塞直径	114 mm				
柱塞行程	152 mm				
工作档位（可选工况）					
减速比	21.02	15.64	11.31	8.42	6.16
泵冲比/（次/min）	70	94	130	175	240
最高压力/MPa					
流量 L/min					

8　顶板水力压裂技术在临涣煤矿的应用

本章编制了临涣煤矿两个穿层压裂钻孔的压裂方案,包括压裂孔的设计、压裂设备的安装调试以及压裂钻孔的施工,重点突出了压裂孔的封孔工艺—带压封孔、压裂的工作程序以及压裂后的安全防护措施;提出了两个压裂钻孔现场进行水力压裂后对其压裂效果考核的指标,包括自然瓦斯流量,瓦斯流量衰减系数、钻孔抽采流量及浓度,并使用瞬变电磁仪考察了水力压裂的影响半径;通过现场效果考察,得出软煤层施工钻孔进行水力压裂增透是不可行的,在工程实践中验证了第 4 章的"硬煤可压、软煤不可压"的结论;针对软煤不可压这一定论,提出了转移压裂对象,即采取"坚硬顶板压裂"来解决松软煤层卸压增透的这一难题,并且从理论上对"坚硬顶板压裂"的卸压增透机理进行了分析。

8.1　矿井及试验区域瓦斯地质概况

8.1.1　矿井概况

临涣煤矿位于安徽省淮北市西南部濉溪县境内,北距淮北市约为 40 km,东距宿州市 30 km,煤矿于 1985 年 12 月 28 日正式投产,设计生产能力为 1.8 Mt/a,服务年限为 121 a,2011 年矿井核定生产能力为 2.4 Mt/a。矿井为立井多水平分区石门式开拓,主井一个,副井一个,东部井一个,风井二个,通风方式为抽出式。矿井一水平标高为 −250 m～−450 m;二水平标高为 −450 m～−650 m,三水平标高为 −650 m～−800 m。矿井生产水平为一、二水平,主要开采煤层为 7、9(8)、10 层煤。

2012 年矿井绝对瓦斯涌出量为 35.94 m³/min,相对瓦斯涌出量 7.91 m³/t,2011 年瓦斯等级鉴定结果为煤与瓦斯突出矿井,突出煤层为 7、9(8)煤层。目前矿井有 4 个生产采区(Ⅰ4、Ⅱ2、Ⅰ9、Ⅰ11 采区),2 个准备采区(Ⅰ13、Ⅱ3),3 个开拓采区(Ⅱ13、Ⅰ15、Ⅰ6 采区)。现有四套井下瓦斯移动抽采系统,瓦斯抽采混合量为 94.93 m³/min。

井田共含 10 个煤组 28 层,自上而下分别为 1、2、3、4、5、6、7、8、10、11 煤组。临涣煤矿可采煤层有:3_1、3_2、5_1、5_2、7、8、9、$9_下$、10 共 9 层,煤层平均总厚 12.04 m。7 煤、8 煤(西部)、9 煤、10 煤(西部)为较稳定煤层,3_1、3_2 煤层为不稳定煤层,5_1、5_2、$9_下$、8(西部)、10(西部)煤层为极不稳定性煤层。其中 7、9、10 煤层为主要可采煤层,平均总厚度 7.36 m。7 煤断破,煤厚 1.10 m,煤层倾角 10°～15°,底板深度 374.00 m;8 煤层煤厚 0.70～1.50 m,煤层倾角 10°～15°,底板深度 385.70 m;9(8)煤层煤厚 1.05～1.90 m,底板深度 394.30 m;$9_下$ 煤层,煤厚 0.70 m,底板深度 396.35 m;10 煤被火成岩(闪长岩)侵入、拱开,煤变质为天然焦,天然焦 1.60～0.60 m,底板深度 473.10 m。

8 煤层仅局部可采、部分缺失,煤层较薄,平均仅为 0.86 m。8 煤与 9 煤间距仅在 0～7 m 之间,部分区域与 9 煤融合。

8.1.2　试验区域瓦斯地质概况

（1）地质概况

经过调研并与临涣矿工程技术人员的广泛协商,本次试验地点选定在受采掘影响相对较小、实体煤分布范围较广的Ⅰ13 采区。该采区位于矿井东翼、大吴家断层以北至－420 m;西南与Ⅰ11 采区、Ⅰ9 采区相邻,Ⅰ11 采区正在准备,Ⅰ9 采区 7、9 煤层已回采 2 个阶段,10 煤已经回采完毕;西与Ⅰ15 采区相邻,Ⅰ15 采区尚未开拓。

Ⅰ13 采区地面标高 26.72～28.14 m,平均 27.5 m;钻孔揭露新地层厚度 190.97～217.90 m,平均厚 207.57 m,地面地势平坦,无大的地表水系,仅有一些沟渠。本区域为二叠系含煤地层,主采 7、9、10 三层煤。各煤层赋存特征如下所述。

7 煤:上距 5_2 煤平均 52.18 m,厚 0.85～6.92 m,平均 2.38 m。该区煤层厚度呈中间薄、外围厚的趋势,浅部局部加厚。采区浅部煤厚较厚,厚度在 2～3 m 之间;该区的中部煤层相对较薄,厚度约在 1～2 m 之间;采区深部煤层厚度又增加到 2～3 m 之间。全区煤层厚度呈波浪状变化,煤层赋存相对稳定,单一结构为主,浅部个别孔见 1～2 层夹矸,可采指数 1,变异系数 32.4%,为较稳定的中厚煤层。

8 煤:上距 7 煤平均 17.22 m,煤厚 0～6.6 m,平均 1.45 m,单一结构,可采指数 0.44,变异系数 79.9%,为极不稳定薄煤层。

9 煤:上距 8 煤平均 4.77 m,煤厚 2.14～4.24 m,平均 2.73 m。采区内厚度在 2～3 m 之间变化,该区东部最大厚度为 4.24 m,其余大部分厚度为 2～3 m 之间。采区北部 F40 断层以北煤层相对薄一些,厚度从 1～2 m 之间变化。9 煤层一般含 1～2 层炭质泥岩夹矸,个别孔含 4 层夹矸,可采指数 1,变异系数 27.6%,为较稳定中厚煤层。

10 煤:上距 9 煤平均 69.64 m。采区煤层由于受岩浆岩的侵蚀厚度不太稳定,厚度 0～3.04 m,火成岩侵入到煤层底板。该区的西部局部煤层较厚,厚度在 3 m 左右;其他大部分区域为 0～1 m 之间。采区东部的西部局部地段煤层较厚,其他大部地段为 0～1 m 之间。可采指数 0.44,变异系数 80%,为不稳定煤层。

本区 7～9 煤层顶底板岩性比较稳定,7～8 间以中细粒砂岩为主;8～9 间以深灰～灰色泥岩为主,层面富含炭质,层间距一般 2～5 m。10 煤顶板砂岩厚 2.07 m,局部为泥质;底板泥岩平均厚 1.26 m,局部泥岩缺失,老底为块状粉砂岩。本区域主采煤层顶底板岩性详见图 8-1。

（2）主采煤层瓦斯赋存概况

Ⅰ13 采区 7、9 煤层均具有瓦斯突出危险性。其中 7 煤层实测最高瓦斯压力达到 1.8 MPa;9 煤层（或与 8 煤层合层）达到 1.52 MPa。详细实测资料见表 8-1。

经过论证,临涣矿计划选定突出危险性较低的 9 煤层作为 7 煤层的保护层先行开采。虽然如此,强化预抽 9 煤层的本煤层瓦斯仍然是预防煤与瓦斯突出灾害的主要技术措施。

地　层			名　称	综合柱状 (1：500)	层　厚	描　　　述
系	统	组				
二 叠 系	下 统	下 石 盒 子 组	中砂岩		6.95～7.49/7.22	灰白色，细粒，块状，以石英长石为主，硅泥质 胶结，交错层理，层理面含炭质，见泥质包裹体
			细砂岩		4.33～7.94/6.14	浅灰色，细粒结构，致密，硅质胶结，层间夹泥岩 薄层，具水平层理，上部含灰白色细砂岩条带
			8煤		0～1.58/0.8	黑色，玻璃光泽，亮煤为主，属半亮型
			粉砂岩		5.46～7.13/6.30	灰色，块状，含植物化石碎片，局部为泥岩，
			9煤		1.50～4.0/2.55	黑色，粉末状，属半亮型煤
			泥岩		1.79～1.87/1.83	灰～灰黑色，块状，局部含少量粉砂岩条带 及植物化石碎片
			粉砂岩		2.8～7.8/6.8	浅灰色，细粒结构，矿物成分以石英为主，致密， 硅质胶结，层间夹泥岩薄层，具水平层理
			铝质泥岩		2.49～5.02/3.76	灰白色，块状，含菱铁鲕粒
		山 西 组	泥岩		3.80～4.95/4.38	灰～深灰色，块状，局部含粉砂岩
			细砂岩		4.36～7.26/5.81	灰色，块状，含少量粉砂质，且分布不均
			泥岩		10.34～10.37/10.36	灰色～灰白色，块状结构，具滑面，局部夹有 细砂条带
			粉砂岩		5.14～6.99/6.05	深灰色～灰色，含细砂质，以长石、石英为主， 硅质胶结，交错层理
			泥岩		7.92～10.34/9.13	深灰色～灰色，块状结构，含少量粉砂质

图 8-1　试验采区含煤地层综合柱状图

表 8-1　　　　　　临涣矿 I13 采区主采煤层瓦斯压力测试数据表

测压地点	煤层	见煤标高/m	表压/MPa
Ⅰ13 采区大巷	9(8)	−402.2	1.1
Ⅰ13 采区大巷	9(8)	−398.4	1.25
Ⅰ13 运输大巷运 12 点	9(8)	−392.2	0.8
Ⅰ13 运输大巷运 14 点	9(8)	−391.8	0.45
Ⅰ13 上部车站车 4 点附近	9(8)	−404.6	1.52
Ⅰ13 运输大巷	9	−391.7	1.1
Ⅰ13 运输大巷	9	−386.8	0.23
Ⅰ13 运输大巷	9	−377.1	0.3
Ⅰ13 运输大巷	9	−390.4	0.42
Ⅰ13 运输大巷运 14 点	7	−354.7	0.8

测压地点	煤层	见煤标高/m	表压/MPa
Ⅰ13 上部车站车 4 点附近	7	−391.4	1.3
Ⅰ13 采区运输大巷	7	−377	1.8
Ⅰ13 采区运输大巷	7	−372.2	1.7
Ⅰ13 采区运输大巷	7	−338.9	1.1
Ⅰ13 采区运输大巷	7	−349.9	1.33
Ⅰ11 采区轨道大巷	7	−373	0.55
Ⅰ11 大巷距 1 石门 325.8 m	9(8)	−360.7	0.56
Ⅰ11 大巷距 1 石门 159.7 m	9(8)	−404.5	0.75
Ⅰ11 大巷距 1 石门交叉处	9(8)	−393.8	0.6
Ⅰ15 回风大巷	9	−320.7	0.5
Ⅰ15 回风大巷	9	−328.7	0.52

注:加方框的为各个煤层实测瓦斯压力的最大值。

8.2　压裂方案设计

8.2.1　试验地点及钻孔设计

（1）试验地点

根据临涣煤矿开拓生产设计及瓦斯治理计划,初步确定在临涣煤矿 9 煤层底板岩巷即Ⅰ13 采区回风大巷进行顶板水力压裂实验。试验布置 1 号、2 号两个压裂钻孔,分别位于Ⅰ13 采区泵房口以里(以西)100 m 和 200 m(具体距离须根据现场情况而定,保证压裂点附近50 m 范围内不能有断层等地质构造带存在)的Ⅰ13 采区回风大巷内(图 8-2),压裂顺序为1 号压裂孔→2 号压裂孔。

（2）钻孔施工及封孔方案设计

在每个压裂钻场内垂直于Ⅰ13 采区回风大巷中线同时朝 9 煤层方向施工一个压裂孔和2 组(每组 3 个)煤岩原始裂隙封堵钻孔。

① 1 号压裂钻孔——1 号压裂钻孔终孔至 8 煤层顶板 1.0 m,封孔位置至 9 煤层顶板1.0 m;调整设计钻孔倾角,尽量使封孔段不超过 35m,该孔压裂对象为 8 煤及 9 煤顶板砂岩(图 8-3)。

② 2 号压裂钻孔——2 号压裂钻孔终孔位置至 9 煤层顶板 0.5 m;封孔位置至 9 煤层底板0.5 m。调整设计钻孔倾角,尽量使封孔段不超过 35 m,该孔压裂对象为 9 号煤层(图 8-3)。

③ 煤岩原始裂隙封堵钻孔——考虑到待压裂区域内可能存在比较发育的煤岩裂隙,会导致注入过程中高压水过度滤失,从而造成有效注入流量及压力不足,因此要考虑对裂隙进行封堵。

本次实验的目标是对 9 煤层及其围岩进行卸压增透,结合该区域 9 煤层及其邻近层的

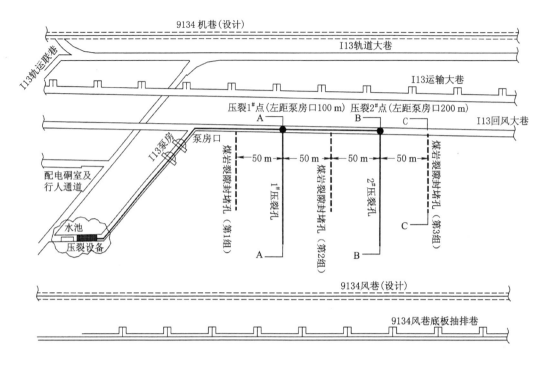

图 8-2　顶板水力压裂试验钻孔施工方案与设备管路布置图

赋存特征,8 煤层直接顶的细砂岩层可以作为上部条件良好的封闭层阻断高压水向顶部的过度滤失;分别沿煤层走向在 1 号和 2 号压裂钻孔两侧各 50 m 的地点施工一组煤岩原始裂隙封堵钻孔。每组 3 个封堵钻孔沿煤层倾斜方向呈扇形分布,见煤(9 煤层)点相距 10 m;每个钻孔终孔位置至 8 煤层顶板均 3.0 m,封孔深度为 20 m(图 8-4),之后高压(>10 MPa)注入水泥浆封堵钻孔周围煤岩中的原始裂隙,三个钻孔基本可形成一面沿倾向控制范围约 40 m 的扇形密闭墙,以此防止沿走向上高压水顺煤岩层的过度滤失。

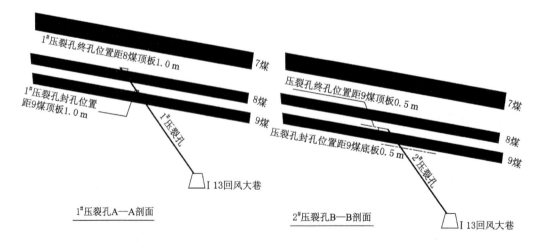

图 8-3　1、2 号压裂钻孔施工及封孔方案剖面图

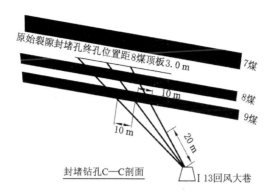

图 8-4 原始裂隙封堵钻孔施工及封孔方案剖面图

8.2.2 压裂设备的安装、调试及配套设施

（1）压裂装备及其安装

本次选用河南煤层气公司生产的煤矿井下用压裂泵，其型号为 BYW50/315J，外形尺寸为 400 mm×1 400 mm×1 600 mm，重量 8 800 kg，电机功率 315 kW（图 8-5、图 8-6）。

图 8-5 高压大流量水力压裂泵组实物图

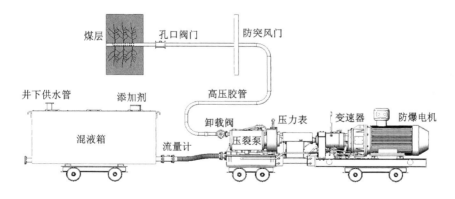

图 8-6 高压大流量水力压裂泵组系统图

该压裂泵最大应用压力可达 52.8 MPa，最大流量可达 1 128 L/min，可以满足不同煤层压裂工艺需要，且为目前国内唯一取得煤矿安全标识的产品。为方便煤矿下井安装和运输，整个压裂泵组能拆分成三大部分：机械调速箱、泵头总成、连接部分；各部分外形尺寸分别为

2 850 mm×1 150 mm×1 450 mm;1 900 mm×1 350 mm×1 050 mm;850 mm×850 mm× 800 mm;附属水箱外形尺寸为 3 000 mm×1 300 mm×1 400 mm。选用的高压注水泵的详细技术参数见表 8-2。

表 8-2 **BYW50/315J 型压裂泵参数特征**

泵型	BYW50/315J				
柱塞数量/根	3				
泵组外形尺寸/mm	5 400×1 400×1 600(总长可以拆分)				
泵组重量/kg	8 800				
配套液箱容积/L	5 000				
工作介质	清水				
进口压力	常压				
电机转速/rpm	1 480				
电机功率/kW	315				
柱塞直径/mm	114				
柱塞行程/mm	152				
工作档位	Ⅲ	Ⅳ	Ⅴ	Ⅵ	Ⅶ
减速比	21.02	15.64	11.31	8.42	6.16
泵冲次(次/min)	70	94	130	175	240
最高压力/MPa	52.8	39.2	28.4	21	15.4
流量 L/min	330	444	614	826	1128

(2) 相关设施的准备工作

① 根据水力压裂泵组与压裂钻场之间的距离,需准备承压能力不低于顶板岩体破裂压力(见后面计算值)的高压管路 500 m,且压裂点与压裂泵之间最少设置两道防突风门。需有机电部门专业技术人员跟踪水力压裂全过程,以便及时处理压裂过程中出现的用电、用风等问题。

② 水力压裂期间要求有持续的供水量,压力在 0.1 MPa、水流量在 1.0 m³/min 以上。若现有水管供水量不足,则需要考虑施工一个蓄水池以保证足够供水量。

③ 压裂试验的泵站(硐室)设置:新鲜风流中、泵站位于完善防突风门外,坡度<0.5%、长度>15.0 m、高度>1.8 m、宽度>2.5 m、支护良好、排水良好;水源>1.2 m³/min、压风 >0.5 MPa、电源电压、功率为 1140 V,315 kW、通讯畅通、瓦斯传感器、监控分站、照明、巷道通畅无杂物、无积水。

水力压裂管路铺设应遵循如下原则:

① 倾斜巷道的水力压裂管路,应使用配套的卡子或者是铁丝将管子稳固地捆绑在巷道的支护上,以防止管道下滑。如果巷道的倾角小于 28°,每 15~20 m 之间设一个卡子对管道进行固定。

② 管路敷设时必须保证其平直,避免出现急弯等。

③ 新敷设的管路必须进行密封性检查,如发现漏水要及时更换管路及接头。

（3）压裂管道的选择

压裂管道型号为 R13—51，该管道额定耐压 51 MPa，最高抗压能力达到 60 MPa。该压裂管道已取得国家煤矿安全标识证书。

（4）压裂管路系统的调试

水力压裂装备及管路系统连接完成之后，需要对整套压裂泵组运行的稳定性及管路系统的密封性进行全面测试。

① 对压裂钻孔之外的压裂泵组及压裂管路系统地进行检查。可先关闭压裂钻孔口管路上的高压阀门，进行压前试压试验，试压压力要求不能低于 15 MPa，如果发现管路中存在隐患应该及时解决。

② 对压裂钻孔及其周围煤岩的密封性（裂隙特征）进行初步探测。开启压裂钻孔口管路上的高压阀门，进行打压试验，压力不低于 15 MPa。如果出现压裂管路系统压力难以提升或注入高压水滤失量过大等情形，则需考虑采用类似图 8-4 方式对煤岩原始裂隙预先进行封堵，然后再实施压裂实验。

8.2.3　钻孔施工

① 在 I13 回风巷开口，距离 I13 泵房口以里（即西侧）100 m 和 200 m 处分别施工 1 号、2 号两个压裂钻孔，该两个钻孔的终孔位置见图 8-3。

② 压裂钻孔方位角需根据现场实际情况进行调整；保证封孔段长度不超过 35 m（钻孔封孔为人工进行，封孔长度过大较难完成），钻头直径为 89 mm。

③ 施工钻孔过程中，确保稳好钻机，之后保证钻进高速慢进，使孔口以内 30 m 保持笔直，以便保证封孔质量。由于压裂地点顶板为泥岩和砂岩，层理较为发育。因此，压裂孔施工完成后要及时封孔并尽快进行压裂，以免孔坍塌造成压裂失败。

④ 压裂钻孔施工过程中，详细记录钻孔钻进长度及钻进所遇岩性的长度及深度，尤其钻进至煤层后，一定要详细记录钻进煤层的位置及长度。

⑤ 按照图 8-2 中标定的位置分别施工三组（每组 3 个）煤岩原始裂隙封堵钻孔，钻孔参数及施工要求与 1 号、2 号两个压裂钻孔相同，钻孔的终孔位置见图 8-4。

8.2.4　封孔工艺及所需材料

封孔效果是压裂实验成功与否的关键步骤，根据施工现场地质条件，为防止压裂过程中压裂液从岩石原生裂隙中过度滤失，本次对压裂钻孔和封堵钻孔均采用带压封孔方法。

（1）压裂钻孔的封孔方法

① 封孔方式：本次封孔采用三段式封孔法，即在设计封孔处前段位置，先封 3～5 m，然后在孔口处用封孔材料封 1～3 m，最后对中间段全段封孔（图 8-7）。

② 封孔材料的选择：根据带压封孔的要求，本次封孔采用特种有机化学药剂封孔。化学药剂的参数满足设计要求（包括抗压强度、膨胀倍数、反应温度、凝固时间）。

③ 封孔钢管的选择：根据钻孔直径，本次封孔钢管选用外径 42 mm，内径 36 mm 的无缝钢管，每根 2.4 m 左右，钢管采用标准管扣连接。

④ 带压封孔要求：提前根据封孔长度确定封孔剂的使用量，用注浆泵一次连续将封孔剂注入钻孔内，使注入的化学药剂最小膨胀量要大于所需量的 1～2 倍。

⑤ 注浆设备的选择:采用 2ZBQ-10/12 气动注浆泵(图 8-8),注浆压力大于 10.0 MPa (泵的技术参数见表 8-3)。

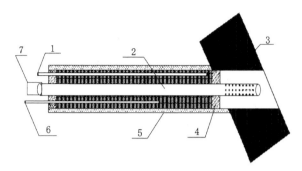

图 8-7　压裂钻孔注浆封孔法示意图

1——排气管;2——封孔管;3——煤层;4——堵头;5——钻孔;6——注浆管;7——孔口装置

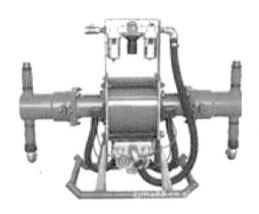

图 8-8　2ZBQ-10/12 气动注浆泵实物图

表 8-3　　　　　　　　　　　　　　2ZBQ-10/12 气动注浆泵技术参数

额定供气压力/MPa	0.63	行程/mm	130
最大出浆压力/MPa	18	活塞直径/mm	45
排量/(L/min)	3	外形尺寸(长×宽×高)/mm	1 100×500×1 000
耗气量/(m³/min)	1.5	主机重量/kg	120
噪声/(dB/A)	≤95		

(2)煤岩原始裂隙的封孔方法

① 采用一般的水泥浆封孔法通过注浆管 1 封堵钻孔外侧 20 m 段。

② 待 24 h 水泥浆凝固后,通过注浆管 2 继续向钻孔深部高压注入水泥浆,并在注浆压力达到 10 MPa 以上时持续稳定地保持该压力状态 5 min 以上,即可停止注浆。然后关闭孔口注浆管上的高压阀门,使压力继续保持 24 h 以上。

③ 为了防止不同钻孔之间水泥浆的相互渗流堵塞钻孔,每组 3 个封堵钻孔在高压封孔时要一次性完成。

(3)封孔所需设备及材料

封孔所需设备及材料见表 8-4。

表 8-4　　　　　　　　　　　封孔注浆所需主要器材简表

序号	名称	规格	单位	数量/孔	备注
1	高压注浆泵		台	1	河南工程学院提供
2	注浆管	100 m	根	1	
3	注浆钢管	2.4 m	根	22	
4	管接头	1.2 寸管接头	个	23	
5	棉纱		kg	4	
6	铁丝	16 号	m	10	
7	老虎钳		把	2	
8	锯弓		把	1	
9	锯条		根	10	
10	钢丝刷		把	2	
11	管钳	18″	把	2	
12	活口扳手	18″	把	1	
13	螺丝刀	平头、梅花	把	各 1	
14	塑料壶	25 L	个	2	
15	封孔化学药剂	25 L	桶	4	河南省煤层气公司提供

8.2.5　压裂前后巷道风流瓦斯浓度监控

为及时掌握水力压裂影响效果情况,有效控制压裂过程中的瓦斯浓度超限问题,需要在压裂实施过程中布置瓦斯浓度监控点,安置瓦斯浓度监测探头。具体位置如下所述(以图 8-9 中 1 号压裂钻孔为例):

① Ⅰ13 回风大巷 1 号压裂钻孔及其两侧 20 m、40 m 处各布置瓦斯监测探头 1 个(编号 W1～W5);在 Ⅰ13 泵房内布置瓦斯监测探头 3 个(编号 W6～W8)。

② 在压裂实施前 1～3 d,观测 W1～W8 瓦斯浓度探头的瓦斯浓度并进行记录。

③ 在压裂实施过程中,通过地面调度室或井下泵站操作人员密切观测各个瓦斯浓度探头,掌握压裂期间巷道的瓦斯浓度变化情况并详细记录。一旦发现瓦斯浓度异常,要及时进行泵注程序调整。如 W1～W8 瓦斯探头浓度超限(按 1%),则暂停注水。

④ 在压裂实验完成之后的 10 d 内,继续观测 W1～W8 瓦斯探头浓度。将水力压裂前后的瓦斯浓度监测数据进行对比,以分析水力压裂的卸压增透效果。

8.2.6　压裂破断压力及总注水量

(1) 破断压裂

目前,国内外对水力压裂破断压力的计算方法多种多样,一直没有一个统一的标准。本次实验结合国内常用的方法以往水力压裂项目中的实践经验,确定以下计算公式为依据:

$$p_f = p_1 + p_2 + p_3 \tag{8-1}$$

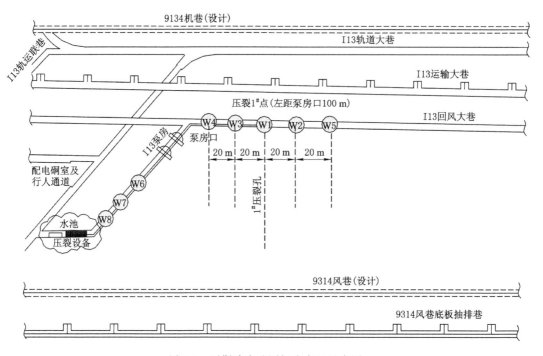

图 8-9　瓦斯浓度监测探头布置示意图

式中　p_f——破断压力，MPa；

$$p_1 = \sum_{i=1}^{n} \gamma_i h_i$$

式中　γ_i——上覆基岩岩层比重，kg/m³；

　　　h_i——岩层厚度，m；

　　　p_2——岩石（煤）的抗拉强度，MPa，根据临涣矿 I13 采区取样测试结果取 9 煤顶板砂岩的抗拉强度为 6.66 MPa；9 煤的抗拉强度为 0.35 MPa（表 8-5）。

　　　p_3——管道摩阻，MPa。一般为管内压力的 10%～20%，可先按照 15% 选取。

本项目实施地点 I13 采区 9134 工作面区域的上覆岩石厚度 h 累计为 450 m，取上覆岩石 γ 平均值为 2.5 kg/m³。据此上述公式可得出：

9 煤顶板砂岩（1 号压裂孔）的破裂压力：

$$p_{f岩} = p_1 + p_2 + 0.15 p_{f岩} \Rightarrow p_{f岩} = \frac{p_1 + p_2}{0.85}$$

$$= \frac{450 \times 9.81 \times 2.5 \times 10^{-3} + 6.66}{0.85}$$

$$= 20.82 \text{ MPa}$$

9 煤（2 号压裂孔）的破裂压力为 11.036 25 MPa。

$$p_{f煤} = p_1 + p_2 + 0.15 p_{f煤} \Rightarrow p_{f煤} = \frac{p_1 + p_2}{0.85}$$

$$= \frac{450 \times 9.81 \times 2.5 \times 10^{-3} + 0.35}{0.85}$$

$$= 14 \text{ MPa}$$

表 8-5 含煤岩系岩石力学性质测试结果表

物理力学性质	砂岩	粉砂岩	砂质泥岩	泥岩	煤
密度 $\rho/(\text{g/cm}^3)$	2.47~3.47	2.43~2.63	2.64~2.98	2.05~2.97	1.30~1.46
	2.76	2.56	2.72	2.68	1.39
抗压强度 R_c/MPa	50.60~281.30	67.28~130.09	13.50~112.10	9.81~81.50	2.25~14.20
	111.5	94.54	53.64	42.75	11.45
抗拉强度 R_t/MPa	1.77~10.67	1.20~9.20	0.70~8.70	0.30~7.29	0.19~0.55
	6.66	5.2	4.39	1.91	0.35
弹性模量 E_{50}/GPa	16.13~86.44	30.00~34.00	7.60~44.00	2.01~19.71	0.70~4.74
	59.54	32	22.96	10.35	2.69
内摩擦角 $\varphi/(°)$	33.41~39.15	39.00~40.03	31.90~38.39	31.80~41.52	30.20~33.42
	36.49	39.52	34.14	36.72	31.81
凝聚力 C/MPa	1.91~13.07	2.25~2.40	4.00~11.90	0.14~8.40	0.04~4.13
	6.3	2.33	6.22	3.95	2.09
泊松比 ν	0.11~0.33	0.28~0.33	0.10~0.30	0.15~0.34	0.11~0.38
	0.2	0.3	0.22	0.24	0.23

（2）压裂总注水量

注水量的确定依据公式：

$$V_水 = V_体 k \tag{8-2}$$

$$V_体 = abh \tag{8-3}$$

式中 $V_水$——注水体积，m^3；

$V_体$——注水影响体积，m^3；

k——影响体孔隙率，%；

a——影响体长度，m；

b——影响体宽度，m；

h——影响体高度，m。

在注水形成压力之前，注入的水需要充填压裂泵组、压裂孔的管道及整个压裂孔，此处需要的水量约为：

$$V_c = V_g + V_k \tag{8-4}$$

$$V_g = \pi \gamma_g^2 h_g \tag{8-5}$$

$$V_k = \pi \gamma_k^2 h_k \tag{8-6}$$

式中 V_c——充填管道和压裂孔所需水量，m^3；

q_0, γ_g, h_g——充填管道所需水量、管道半径和管道长度，m^3；

v_k, γ_k, h_k——充填压裂孔所需水量、压裂孔半径和压裂孔长度，m^3。

因此，压裂所需总注水量为以上两部分之和，即：

$$V_{总水} = V_水 + V_c \tag{8-7}$$

8.2.7 水力压裂程序

（1）打压试验

压裂之前做钻孔打压试验，注水压力为 15 MPa，注水时间为 30 min，如果压力不出现明显下降，证明压裂孔周围的裂隙已进行了完好封堵。

（2）实施多次压裂的方式

分别按压裂钻孔封孔工艺封孔；预留 42 mm 无缝钢管；管口安装高压阀、大量程压力表和高清视频探头（高压阀门须安装在压力表之外）。

（3）水力压裂泵的调试

① 压裂液注入。

启动高压注水泵后，缓慢升压，按压裂设计注入高压水；同时，密切观测整个注水过程中的注入压力变化。当压力明显下降后，加大注入量，从而使裂缝得到更好破裂和延伸。

② 压裂系统调试。

Ⅰ 压裂施工人员通知电工送电，开启压裂注水泵进行空转试运行 5 min，检验其稳定性。待压裂注水泵运转正常后，开启送水管路水阀。继续开启压裂泵组试运行 5 min，以检查设备各功能运转是否正常，管路连接是否牢靠安全。

Ⅱ 压裂施工人员调整至高压力、低排量档位和控制阀，进行正式压裂前的小型试压。

Ⅲ 若出现压力在低位徘徊，有可能是封孔不严漏水所致，则此孔作废。

Ⅳ 若出现压力急剧上升，可能是管路堵塞所致。此时需开启泄压阀泄压并停泵，通畅管路后重新进行打压试验。

Ⅴ 若压力缓慢上升，且达 8.0 MPa，排量 0.5 m³ 时，无孔口漏水、管路堵塞等异常情况，则调整泄压阀，缓慢泄压。

③ 施工过程的时间、压力、排量控制。

小型的打压试验完毕后，开始进行正式注水压裂实验。操作员先调换至高压力、低排量档位；待压力缓慢上升到 15 MPa 后，调换到低压力、高排量档位继续注水。待出现一个明显的压力降后（≥4 MPa），继续注水 1 min，然后卸压停泵；也可根据实际情况继续低压力、高排量注水，待出现第二个明显的压力降后继续注水 1 min，然后卸压停泵。

（4）数据录入

在压裂过程中的每一阶段，严格记录泵入时间、压力、流量等数据。2 名人员负责记录泵注的相关数据，其中，一名记录压裂实施过程中的时间、压力；另一名负责记录注入流量。压裂完成后升井至地面及时整理相关压裂数据并绘制压力～时间、流量～时间、压力～流量曲线图。

8.2.8 压裂结束后工作

压裂完成后要及时关闭泵组开关，切断泵组电源。压裂结束 40 min 后，由现场工作领导小组组长宣布压裂完毕后，由瓦检员、相关试验人员进入压裂地点，检查巷道的支护情况和瓦斯情况，重点检查压裂地点 50 m 范围内的情况。只有当检查范围内的瓦斯浓度小于1.0%并且巷道支护良好时，才能解除警戒，恢复工作。所有压裂工作结束后，严禁拆除钻孔的封孔装置和压裂管路，只有待孔口压力降到 0 MPa 后才能拆除相关的装置，并且要及时启动排水设备进行排水工作。

（1）洗孔

压裂结束待注水压力缓缓卸除后，使用高压水对压裂孔进行清洗，高压水压力控制在1～2 MPa。直至高压水变清后方可认为钻孔已经洗净。一般情况下，钻孔完全洗净的时间为5～8 min。

（2）排水

此次在Ⅰ13采区回风大巷进行压裂，压裂钻孔角度为仰角。压裂水可由孔内自由流出，当孔内水流尽后方可接抽采管路进行抽采。当抽采时，孔内及压裂裂缝中的部分残余水会在抽采负压的作用下流入到抽采管路中；同时，压裂结束初期或抽采期间有可能会发生压裂钻孔瓦斯流量突然增大的状况。因此，为保障抽采管路的安全性、连续性和高效性，特设计制作了一套抗高压的煤、气、水自动分离装置，配合压裂之后的钻孔卸压、排水和瓦斯抽采工作。

（3）压裂后观测及参数测试

压裂之后测试与压裂前相对应地点的瓦斯参数。同时，观测压裂后压裂孔周围30 m范围内巷道的形貌，尤其是较为发育的构造附近及煤体裂缝发育地带，观测煤壁是否有出水、巷道变形等情况。并与压裂前对比，如有巷道壁出水等情况，结合泵注程序，初步确定压裂效果及压裂半径。另外，测量巷道两帮之间的距离及巷道顶底板之间的距离，考察是否在压裂过程中发生了巷帮变形和顶底板变形，如若发生变形，则通过压裂前后测定点距离之差计算变形量。

（4）封孔联管抽采

钻孔压裂结束后第4天，通过变径接头，将孔内压裂管通过自行设计的高压煤、气、水分离器和巷道已有抽采管路连接（前3天进行瓦斯自然流量的测试工作），并在孔口抽采管上留有相应的接口进行抽采浓度、抽采流量等参数的测，之后每日观测一次相应参数并记录，连续观测时间不少于20天。

8.2.9 安全防护措施

（1）一般措施

① 试验地点必须保证通风设施可靠运行；设置避难硐室和两道坚固的防突风门，间距为10 m，且规格符合《防治煤与瓦斯突出规定》要求。同时，设置有避难硐室，宽2.2 m，长3.7 m，内有压风自救装备15台，可同时容纳15人进行避难，并且其中内设直通矿调度电话。

② 所有参与水力压裂试验的人员必须全部经过防突安全培训，并经考试合格后，方可上岗。进入工作面的所有人员必须佩戴隔离式自救器。

③ 工作面所有参与试验的人员必须熟悉井下避灾路线，发现突出预兆时，现场组织领导应立即指挥现场工作人员停止工作，并将所有人员撤至防突风门外的全风压新鲜风流处，并汇报通风调度、公司调度。在确认不会发生煤与瓦斯突出的情况下，且工作面盲巷口瓦斯浓度小于1%时，人员方可进入开始施工。发生突出时，现场人员及时撤离，切断实验地点及相关巷道中全部非本质安全型电源。瓦检员、班组长及时向公司调度、通风调度汇报突出现场情况，并执行二级断电，设置警戒。

④ 设备安装位置必须放置 2 台 8 kg 干粉灭火器和 2 个体积不少于 0.5 m³ 的砂箱,每个不少于 15 个沙袋。试验前,必须清除周围所有可燃物。

⑤ 压裂过程出现瓦斯动力现象时,必须立即切断所有电源,所有人员必须立即撤出。

⑥ 压裂结束 40 min 后,首先由 1 名瓦检员和 2 名试验人员进入压裂地点,检查巷道的支护情况和瓦斯情况,重点检查压裂地点 20 m 范围内的情况。只有当检查范围内的瓦斯浓度小于 1.0% 时,并且巷道支护良好时才能解除警戒,恢复工作。

(2) 巷道瓦斯浓度超限及动力现象预防措施

① 水力压裂过程中,高压水压必然会导致煤岩体应力状态及裂隙发生很大的变化,可能会发生瓦斯涌出量急剧增大从而引发巷道瓦斯浓度超限的情况,甚至出现瓦斯动力现象,威胁井下生产系统安全。解决方案如下:

Ⅰ 在 1 号、2 号压裂点与Ⅰ13 采区泵房口之间必须安设两道坚固的防突风门(图 8-2 中位置)。

Ⅱ 在防突风门一侧(或两侧)布置大直径瓦斯抽采管道,必要时对封闭的巷道实施抽采。

② 水力压裂完成后,压裂钻孔需要缓慢彻底卸压后方可接抽采管路进行抽采。但压裂钻孔内封存有高压的瓦斯和煤水混合体,一旦自然排放不仅流速和流量极大,对巷帮(顶)具有极大的冲击和破坏;而且大量瓦斯的涌出会导致巷道瓦斯浓度超限;另外,连管进行瓦斯抽采时,钻孔内及压裂裂缝中的部分残余水会在抽采负压的作用下流入到抽采管路中,影响抽采效果。为此,专门设计制作了气水分离器(图 8-10、图 8-11),在水力压裂完成后与压裂钻孔连接起来实施卸压和瓦斯抽采之用。

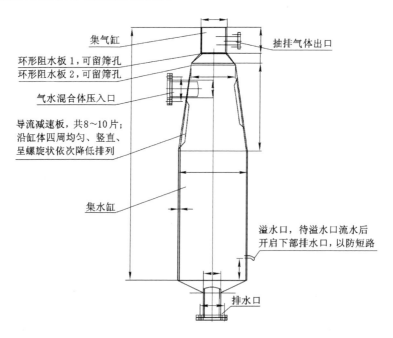

图 8-10　高压煤气水分离装置设计示意图

图 8-11　高压煤气水分离装置实物图

8.3　压裂实施

按照临涣煤矿水力压裂设计方案,在完成封堵钻孔与压裂孔布孔、打孔、封孔以及压裂孔试压等一系列程序后开始进行压裂试验。其过程为:首先做好撤人,监控布点等措施;然后对压裂泵进行调试,确认系统正常后,启动压裂泵,缓慢升压,按泵注程序设计注入高压水;同时,密切观测整个注水过程中的注入压力及流量的变化;当达到破裂压力后,加大注水量,使煤、岩裂隙得到最大程度的生成和延伸。

压裂前注意事项:

① 水力压裂过程中压裂施工限压 35 MPa,压裂泵注过程严禁无故停泵。

② 如果出现泵入压力波动,则调整注入水量,使注入量降低。

③ 若泵在压裂过程中持续高压,压裂液注入量很小,则在最高允许压力下(35 MPa)进行反复憋放;若依然高压而注入很小,则需要停泵检查管路堵塞情况。如堵塞,则需要疏通管路重新压裂;如无堵塞,压裂孔周围可能有应力集中情况存在。

④ 要时刻监测注入排量,以便及时分析出现压力波动、持续高压等情况的原因。

⑤ 在压裂过程中一旦发现瓦斯浓度超限,则立即停泵,相关试验人员撤离安全地点。

水力压裂采用动压注水,每 1 min 升压 1 MPa。由理论分析可知,泵注稳定一段时间后,压力会瞬间下降,此时如果持续加压而泵注压力无明显上升的趋势则可以说明煤岩体内部已经有大量裂缝的出现,此时停止泵注,压裂结束。

8.3.1　1 号压裂孔压裂试验

压裂时间与泵注压力、泵注速度等相关参数紧密相关联,不同泵注压力、泵注流量下高压水致裂达到预期效果的时间也不同[1-2]。注水过程中,高压水逐渐破坏压裂煤岩体,钻孔周围的裂隙不断被沟通或者是新的裂隙不断产生,高压水在已沟通的裂缝之间流动,注水量及泵注压力等参数会时刻发生变化。注水时间的长短需要根据注水过程中泵注流量和泵注压力的变化来掌握。现场实践经验表明,当泵注压力降为最大压力的 30％左右时候,可以停泵,压裂时间一般掌握在 2 h 左右。

(1) 泵注压力

注水压力是水力压裂技术措施中重要的参数之一。若泵注压力过低,就不能达到改变煤岩体结构,压裂煤岩体的作用,其作用与低压注水相当,只是湿润煤岩体,不能起到"卸压增透"的作用;注水压力过高的情况下,由于能量的急剧增加而短时间内没有卸压的通道,极可能导致煤(岩)体在高压水与地应力共同作用下急剧发生形变,极其可能诱发煤与瓦斯突出事故。因此,必须适当地选择泵注压力以改变煤岩体孔隙结构和裂缝的容积,释放煤(岩)体内的瓦斯,进而达到卸压增透之目的。最大泵注压力与压裂对象的破裂压力在数值上基本相等。1 号压裂孔的压裂对象为 9 煤顶板砂岩,根据设计方案其破裂压力约为 20.5 MPa。当高压水泵泵注压力接近该数值时,应缓慢加压并密切关注水压变化情况。1 号压裂孔泵注压力随注水时间的变化曲线见图 8-12。

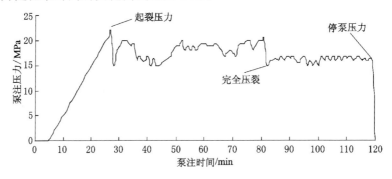

图 8-12 1 号压裂孔泵注压力与时间关系

由图 8-12 可以看出,1 号压裂孔压裂时间大约为 120 min,泵注压力随时间的变化明显可以分为五个阶段:

① 在开始的一段时间内,由于压裂对象 9 煤顶板砂岩内部发育有大量的裂隙,裂隙内渗失的液体要大于注水量。因此,尽管注水已经开始,但是压力不上。

② 随着注水量的不断增加,压裂对象内部裂隙空间被水充实,当注水量大于裂隙渗失量时,注水压力不断上升。泵注压力达到一定数值即起裂压力时(由图可以看出起裂压力约为 22 MPa),煤体内部的初始裂缝开始出现,压裂液进入到煤体中的裂缝内部,泵注压力突然下降。

③ 由于压力的下降,煤体内的裂缝扩展停止。随着高压水的不断注入并在裂缝中逐渐累积增多,泵注压力又会逐渐恢复,随着注水时间的延长,煤体内的水压会再一次迅速达到煤层的破裂压力,二次起裂即会出现。随着时间的增加,三次起裂甚至多次起裂接着发生,裂缝在不断的循环中向前发展。

④ 一定注水时间后,高压水作用范围内压裂对象裂缝总体积及水的滤失量总和与水的流量平衡后。泵注压力会稳定在一个恒定值(由图可以看出完全压裂时泵注压力约为 16 MPa)。此时,水压作用范围内的压裂对象完全被压裂。

⑤ 维持 16 MPa 的泵注压力一段时间后(大约 30 min),关闭高压注水泵,注水停止,水力压裂结束。

（2）泵注流量

1号压裂钻孔压裂过程中泵注流量与时间的关系如图 8-13 所示：

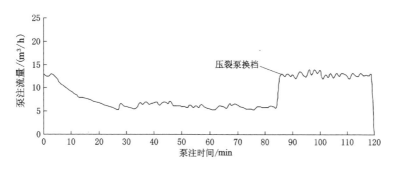

图 8-13 1号压裂孔泵注流量与时间关系

由图 8-13 可以看出，1号压裂孔泵注流量随时间的变化明显可以分为 4 个阶段。

① 压裂开始，由于水对压裂对象内部裂隙的充实，注水流量明显很大，随着注水时间的增加，注水量随时间不断减小，泵注压力达到最大时，流量为该阶段的最小值。

② 压裂对象被压裂后，二次压裂甚至多次压裂不断发生，该阶段注水流量随着压裂—憋压不断发生交替增减，但是流量变化范围不大。

③ 压裂对象被高压水完全压裂后，进行压裂泵换挡，大幅提供高泵的流量，以更好使裂隙进行冲刷、贯通与延展。

④ 维持该泵注流量一段时间后（大约 30 min），关闭高压注水泵，注水停止，水力压裂结束。

（3）泵注压力与流量的关系

压裂过程中，1号压裂孔泵注压力与泵注流量的对应关系如图 8-14 所示。

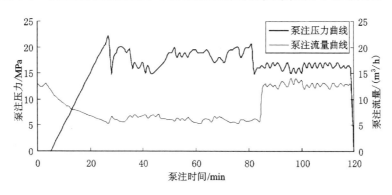

图 8-14 1号压裂孔泵注压力与流量对比关系

由上图可以看出：

① 在对煤体进行压裂过程中，压力多次反复上升下降。

② 压力多次下降—上升过程中，对应的水流量会上升—下降。

③ 最终压力、流量相对稳定变化，压裂过程终止。

8.3.2　2 号压裂孔压裂试验

（1）泵注压力

2 号压裂孔压裂对象为 9 煤煤层，根据设计方案计算破裂压力约为 14 MPa。与 1 号孔操作一样，当高压水泵泵注压力接近该数值时，应缓慢加压并密切关注水压变化情况。2 号压裂孔泵注压力随注水时间的变化曲线如图 8-15：

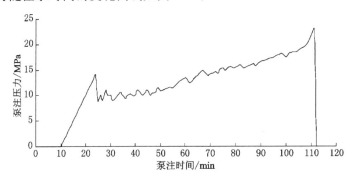

图 8-15　2 号压裂孔泵注压力与时间关系

由图 8-15 可以看出，2 号压裂孔压裂时间约为 110 min，泵注压力随时间的变化同样可以分为五个阶段：

① 由于压裂对象 9 煤内部发育有微、小、中孔，甚至大孔与裂隙，在初始开泵的一段时间内，9 煤渗失的液体要大于注水量。因此，在很短一段时间内，尽管高压注水开始，但观测不到压力上升。

② 随着注水量的不断增加，压裂对象 9 煤内部孔隙及裂隙空间被水逐渐充实，当注水量大于孔隙及裂隙渗失量时，注水压力随时间不断上升。泵注压力达到一定数值即起裂压力时（由图 8-16 可以看出起裂压力为 15 MPa 左右），9 煤被高压水压裂，初始裂缝产生，液体填充到所形成的裂缝中，压力突然降低。

③ 该阶段与 1 号压裂钻孔一样，由于泵注压力的突然下降，压裂对象内的裂缝扩展行为停止。随着高压泵内液体的不断注入并在裂缝中逐渐累积，压力又逐渐恢复。随着注水时间的增加，泵注压力第二次达到煤体的破裂压力后，二次起裂形成，随之三次起裂、多次起裂接踵而至，煤体内部的裂缝在不断的循环向前发展。

④ 与 1 号压裂钻孔不同的是，一段注水时间后，由于 9 煤松软破碎，高压水作用下 9 煤发生了塑性变形。高压水在煤层钻孔内与 9 煤结合形成煤泥（浆），导致 9 煤被高压水压实，裂隙延展停止。甚至前一阶段压裂所产生的裂隙与 9 煤煤体内部的孔隙被形成的煤泥（浆）封堵，致使泵注压力不断攀升。

⑤ 高压注水持续一段时间后（大约 40 min），泵注压力一直攀升，已经远远超过了煤体的破裂压力（14 MPa）。证明 9 煤已经被完全压实，关闭高压泵，水力压裂结束。

（2）泵注流量

2 号压裂钻孔压裂过程中泵注流量与时间的关系如图 8-16 所示。

由图 8-16 可以看出，2 号压裂孔泵注流量随时间的变化明显可以分为四个阶段：

① 与 1 号压裂孔一样，压裂开始，由于水对压裂对象内部孔隙及裂隙的充实，注水流量

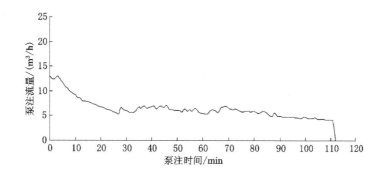

图 8-16　2 号压裂孔泵注流量与时间关系

明显很大。随着注水时间的增加,注水量不断减小,泵注压力达到最大时,流量为该阶段的最小值。

② 压裂对象被压裂后,二次压裂甚至多次压裂不断发生。该阶段注水流量随着压裂—憋压不断发生交替增减,但是流量变化范围不大。

③ 9 煤被完全压实后,泵注压力不断上升,泵注流量随着时间的增加不断减小。

④ 泵注流量越来越小,维持一段时间后(大约 40 min),关闭高压注水泵,注水停止,水力压裂结束。

（3）泵注压力与流量的关系

压裂过程中,2 号压裂孔泵注压力与泵注流量的对应关系如图 8-17 所示。

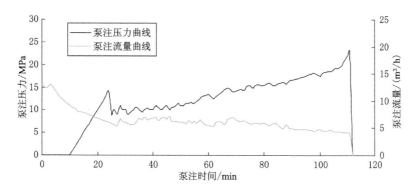

图 8-17　2 号压裂孔泵注压力与流量对比关系

由图 8-17 明显可以看出:

① 煤体受压致裂过程中,注水压力历经多次的反复上升—下降过程。

② 注水压力下降过程中,相应的泵注流量会上升,推断为多次小范围压开后注水量增加;而多次压力上升过程中,泵注流量均明显下降,尤其是在 9 煤被高压水压实后,伴随着压力的不断攀升,对应的泵注流量不断下降。

③ 最终由于泵注压力不断上升,泵注流量随之降低,证明 9 煤已完全被高压水压实,压裂过程终止。

8.3.3 压裂效果对比

① 1号压裂对象为9煤的顶板砂岩。由于砂岩致密、坚硬,在高压水作用下,岩体发生脆性变形。一定范围内岩体被完全压裂,裂隙得到较好的发育、贯通,裂隙大量发育的顶板势必对9煤的瓦斯运移卸压起到一定的作用。

② 2号压裂对象为9煤煤层,由于该煤层松软、破碎,高压水作用下煤体发生塑性变形。压裂前期煤体在高压水作用下会产生一定的裂隙,但是随着水压的不断加载,内部发生塑性变形,煤体被水压实。其原生孔隙与裂隙被高压水堵塞,瓦斯的流动性后期随加载时间会逐渐减小,甚至小于压裂前煤体的渗透性。这一点在第4章的实验结果中也得到了验证。

8.4 压裂效果考察

在压裂结束后3天内每班观测钻孔的自然流量,如果数据较未压裂前增大30%以上,则认为压裂成功,接入抽采管路正常抽采;如果压裂自然流量没有明显增大则认为此次压裂失败。

8.4.1 自然瓦斯流量、衰减系数测试

加工孔内连接管与四分管连接的变径接头,使用煤气表测试并记录钻孔瓦斯自然流量,在记录过程中需待孔内流量基本稳定后再测试自然流量。自然流量的测试分别在压裂结束前后3日内每班进行。在煤层瓦斯自然流量的测试基础之上,利用有关公式计算煤层钻孔的瓦斯流量衰减系数。

一般情况下,煤层钻孔的自然瓦斯涌出特征使用下面两个指标来表征:一个是煤层钻孔的自然初始瓦斯涌出强度 q_0,另外一个是煤层钻孔自然瓦斯流量衰减系数 α。其中 α 是评价煤层瓦斯抽放难易程度的一个重要指标。通过测定不同时间区段内的煤层钻孔自然瓦斯涌出量 q_0 和 α 值可以按照下列公式进行回归分析:

$$q_t = q_0 e^{-\alpha t} \tag{8-8}$$

式中 q_t——自然排放时间 t 时的瓦斯流量,m^3/min;

      q_0——自排时间 $t=0$ 时的瓦斯流量,m^3/min;

      α——自然流量衰减系数,d^{-1};

      t——自然排放瓦斯的时间,d。

为方便对比分析,在压裂前后分别对两个压裂孔的钻孔自然瓦斯流量进行测试,测定的数据分别为10组。由所测数值根据式(8-8)拟合瓦斯自然流量随时间的衰减曲线进而得出钻孔的流量衰减系数 α,对照表8-6可知其抽放难易类别。

(1) 1号压裂孔瓦斯流量衰减系数

1号压裂钻孔于2013年10月31日封孔,当天下午4点班对钻孔瓦斯流量进行了测试。截至2013年11月3日16:00班,压裂前共测试了瓦斯流量数据10组(表8-6)。

表 8-6 煤层瓦斯抽放难易程度表

抽放类别	流量衰减系数 d^{-1}
容易	<0.003
可以	0.003~0.05
较难	>0.05

2013 年 11 月 4 日 08：00 班对 1 号压裂孔进行压裂试验，压裂工作结束后当日下午 16：00 对压裂孔的瓦斯自然流量进行测试，以后每班测量一次，时间间隔为 8 h。截至 2013 年 11 月 7 日下午 16：00 班压裂钻孔接入抽放系统进行抽放前，共测试该压裂孔的瓦斯自然流量为 10 组（表 8-7）。

表 8-7 压裂前后 1 号压裂孔自然瓦斯流量测定数据

压裂前		压裂后	
时间	瓦斯流量/(m³/min)	时间	瓦斯流量/(m³/min)
2013-10-31 16：00	0.037 8	2013-11-4 16：00	0.056 4
2013-11-1 00：00	0.034 3	2013-11-5 00：00	0.054 8
2013-11-1 08：00	0.030 6	2013-11-5 08：00	0.052 1
2013-11-1 16：00	0.026 6	2013-11-5 16：00	0.051 4
2013-11-2 00：00	0.024 2	2013-11-6 00：00	0.052 3
2013-11-2 08：00	0.020 6	2013-11-6 08：00	0.049 2
2013-11-2 16：00	0.016 7	2013-11-6 16：00	0.049 2
2013-11-3 00：00	0.013 8	2013-11-7 00：00	0.048 3
2013-11-3 08：00	0.010 7	2013-11-7 08：00	0.048 1
2013-11-3 16：00	0.004 6	2013-11-7 16：00	0.048 1

由表 8-7 可以看出，1 号压裂钻孔压裂后自然瓦斯流量较压裂前大幅度提高，增幅均在 30％以上，证明 1 号压裂孔压裂效果明显。根据流量测定数据拟合出了压裂前后瓦斯流量随时间的衰减曲线（图 8-18）。

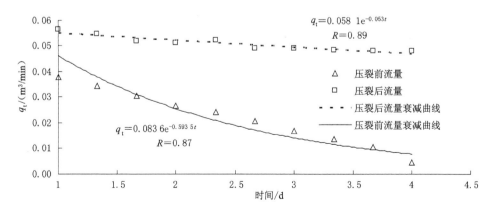

图 8-18 压裂前后 1 号压裂孔瓦斯自然流量随时间变化曲线图

可以看出,压裂前钻孔的流量衰减系数 α 为 0.593 5,根据表 8-6 可以判断煤层较难抽放;而压裂后钻孔的流量衰减系数 α 为 0.058 1,已经基本达到了可以抽放的程度。

通过测量压裂前后 1 号压裂孔的钻孔自然瓦斯流量和计算钻孔的流量衰减系数 α 可知,水力压裂对 1 号压裂孔起到了较好的卸压增透作用。

(2) 2 号压裂孔瓦斯流量衰减系数

压裂钻孔于 2013 年 11 月 9 日封孔,当天下午 4 点班对钻孔瓦斯流量进行了测试。截至 2013 年 11 月 12 日 16:00 班,压裂前共测试了瓦斯流量数据 10 组(表 8-7)。

2013 年 11 月 14 日 08:00 班对 2 号压裂孔进行压裂试验,压裂工作结束后当日下午 16:00 对压裂孔的瓦斯自然流量进行测试,以后每班测量一次,时间间隔为 8 h。截至 2013 年 11 月 17 日下午 16:00 班压裂钻孔接入抽放系统进行抽放前,共测试该压裂孔的瓦斯自然流量为 10 组(表 8-8)。

表 8-8 压裂前后 2 号压裂孔自然瓦斯流量测定数据

压裂前		压裂后	
时间	瓦斯流量/(m^3/min)	时间	瓦斯流量/(m^3/min)
2013-11-9　16:00	0.038 8	2013-11-14　16:00	0.0318
2013-11-10　0:00	0.035 8	2013-11-15　0:00	0.028 6
2013-11-10　8:00	0.031 7	2013-11-15　8:00	0.025 8
2013-11-10　16:00	0.029 8	2013-11-15　16:00	0.023 0
2013-11-11　0:00	0.024 4	2013-11-16　0:00	0.020 3
2013-11-11　8:00	0.025 5	2013-11-16　8:00	0.017 2
2013-11-11　16:00	0.019 8	2013-11-16　16:00	0.014 3
2013-11-12　0:00	0.017 7	2013-11-17　0:00	0.011 3
2013-11-12　8:00	0.010 7	2013-11-17　8:00	0.008 4
2013-11-12　16:00	0.008 6	2013-11-17　16:00	0.002 5

由表 8-8 可以看出,2 号压裂钻孔压裂后自然瓦斯流量较压裂前没有增加,甚至还小于压裂前的自然瓦斯流量,证明 2 号压裂水力压裂措施后压裂效果不明显甚至没有压裂效果。根据流量测定数据拟合出了压裂前后瓦斯流量随时间的衰减曲线(图 8-19)。

通过图 8-19 可以看出,压裂前钻孔的流量衰减系数 α 为 0.474 2,根据表 8-6 可以判断煤层较难抽放;而压裂后钻孔的流量衰减系数 α 为 0.675 6,据此判断 9 煤仍然属于较难抽煤层。

通过测量压裂前后 2 号压裂孔的钻孔自然瓦斯流量和计算钻孔的流量衰减系数 α 可知,水力压裂对 2 号压裂孔没有起到卸压增透作用,甚至导致煤层的抽放难易程度有所增加。

8.4.2　钻孔抽采流量与浓度考察

按照方案设计,在压裂结束后第 4 天通过变径接头将压裂孔通过自行设计的高压煤、气、水分离装置与抽放系统连接进行抽采。每天观测抽放系统的瓦斯流量与瓦斯浓度。

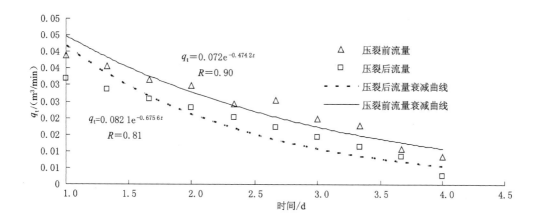

图 8-19 压裂前后 2 号压裂孔瓦斯自然流量随时间变化曲线图

（1）1 号压裂孔瓦斯抽放流量与浓度考察

在 1 号压裂钻孔压裂结束后第 4 天即 2013 年 11 月 7 日下午 16：00 班，将压裂管通过变径接头与抽放系统连接进行瓦斯抽放，并记录抽放系统的瓦斯抽采流量与瓦斯浓度，数据观测周期为 30 d，抽放数据见表 8-9。根据抽放数据画出了 1 号压裂钻孔瓦斯抽放浓度、流量曲线图及压裂钻单天和累计瓦斯抽放流量曲线图（图 8-20、图 8-21）。

表 8-9   **1 号压裂孔瓦斯抽放数据**

统计时间	抽采天数 /d	抽采流量 /(m³/min)	浓度 /%	瓦斯纯抽放量 /(m³/min)	日平均抽采瓦斯纯量/(m³/d)	累计瓦斯抽采总量/m³
2013-11-7	1	1.027 4	81.6	0.84	1 207.24	1 206.77
2013-11-8	2	1.124 7	74.7	0.84	1 209.82	2 416.58
2013-11-9	3	0.984 5	74.6	0.73	1 057.59	3 474.17
2013-11-10	4	0.932 4	72.1	0.67	968.05	4 442.23
2013-11-11	5	0.958 1	73.2	0.70	1 007.15	5 449.38
2013-11-12	6	0.814 0	71.5	0.58	838.09	6 287.48
2013-11-13	7	0.908 4	70.8	0.64	915.67	7 203.14
2013-11-14	8	0.862 5	68	0.59	844.56	8 047.70
2013-11-15	9	0.811 2	69.6	0.56	813.02	8 860.72
2013-11-16	10	0.852 6	67.4	0.57	827.50	9 688.22
2013-11-17	11	0.803 5	63.5	0.51	734.72	10 422.94
2013-11-18	12	0.815 4	66.2	0.54	777.30	11 200.25
2013-11-19	13	0.768 9	67.3	0.52	745.16	11 945.40
2013-11-20	14	0.778 8	61.5	0.48	689.71	12 635.11
2013-11-21	15	0.812 7	62.1	0.50	725.58	13 360.69
2013-11-22	16	0.766 6	60.8	0.47	671.17	14 031.86
2013-11-23	17	0.722 4	58.6	0.42	603.35	14 635.21

统计时间	抽采天数 /d	抽采流量 /(m³/min)	浓度 /%	瓦斯纯抽放量 /(m³/min)	日平均抽采瓦斯 纯量/(m³/d)	累计瓦斯抽采 总量/m³
2013-11-24	18	0.773 8	56.7	0.43	623.99	15 259.20
2013-11-25	19	0.612 5	54.2	0.33	478.04	15 737.24
2013-11-26	20	0.628 3	58	0.36	524.76	16 262.00
2013-11-27	21	0.648 0	50.2	0.33	468.43	16 730.43
2013-11-28	22	0.629 4	48.7	0.31	441.39	17 171.81
2013-11-29	23	0.618 8	46.4	0.28	409.89	17 581.71
2013-11-30	24	0.571 5	52.3	0.30	427.94	18 009.64
2013-12-1	25	0.587 4	47.6	0.28	397.55	18 407.20
2013-12-2	26	0.512 8	48.9	0.25	354.45	18 761.64
2013-12-3	27	0.531 2	47.5	0.25	359.52	19 121.16
2013-12-4	28	0.551 2	46.5	0.26	369.08	19 490.24
2013-12-5	29	0.476 5	44.6	0.21	301.91	19 792.15
2013-12-6	30	0.480 6	43.4	0.21	297.59	20 089.74

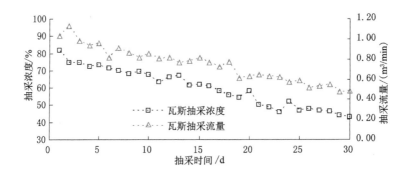

图 8-20　1号压裂钻孔瓦斯抽采浓度、流量曲线图

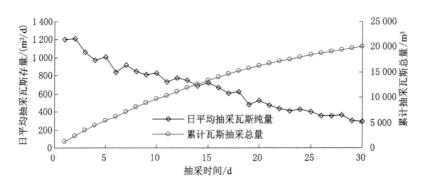

图 8-21　1号压裂孔单天和累计瓦斯抽放流量曲线图

从图 8-20、图 8-21 可以看出:1 号压裂钻孔单孔抽放流量最高为 1.124 7 m³/min,最低为 0.476 5 m³/min,平均达到 0.745 5 m³/min;单孔抽放浓度最高为 81.6%,平均抽放浓度为 60.28%,即使在经历了一个月的时间抽采后,抽采瓦斯浓度仍保持在 40% 以上,最低为 43.4%;压裂钻孔日抽采纯瓦斯量平均在 671.57 m³,最低值为 300.36 m³,最高值达到 1 209.82 m³,一个月内单孔累计抽采纯瓦斯量达 20 146 m³。

(2) 2 号压裂孔瓦斯抽放流量与浓度考察

同样,在 2 号压裂钻孔压裂结束后第 4 天,即 2013 年 11 月 17 日下午 16:00 班,将压裂管通过变径接头与抽放系统连接进行瓦斯抽放,并记录抽放系统的瓦斯抽采流量与瓦斯浓度,数据观测周期仍为 30 天,抽放数据见表 8-10。根据抽放数据绘制了 2 号压裂钻孔瓦斯抽放浓度、流量曲线图及压裂钻单天和累计瓦斯抽放流量曲线图(图 8-22、图 8-23)。

表 8-10　　　　　　　　　　2 号压裂孔瓦斯抽放数据

统计时间	抽采天数 /d	抽采流量 /(m³/min)	浓度 /%	瓦斯纯抽放量 /(m³/min)	日平均抽采瓦斯 纯量/(m³/d)	累计瓦斯抽采 总量/m³
2013-11-17	1	0.052 3	6.3	0.003 3	4.74	1 206.77
2013-11-18	2	0.067 1	7.5	0.005 0	7.25	1 214.01
2013-11-19	3	0.054 8	8.4	0.004 6	6.63	1 220.64
2013-11-20	4	0.037 5	6.4	0.002 4	3.46	1 224.10
2013-11-21	5	0.058 1	7.5	0.004 4	6.27	1 230.37
2013-11-22	6	0.083 4	2.2	0.001 8	2.64	1 233.01
2013-11-23	7	0.064 5	9.1	0.005 9	8.45	1 241.47
2013-11-24	8	0.053 2	8.6	0.004 6	6.59	1 248.05
2013-11-25	9	0.042 2	6.5	0.002 7	3.95	1 252.00
2013-11-26	10	0.045 6	4.3	0.002 0	2.82	1 254.83
2013-11-27	11	0.047 8	4.7	0.002 2	3.24	1 258.06
2013-11-28	12	0.042 4	6.5	0.002 8	3.97	1 262.03
2013-11-29	13	0.033 8	4.8	0.001 6	2.34	1 264.37
2013-11-30	14	0.047 5	5.3	0.002 5	3.63	1 267.99
2013-12-1	15	0.045 8	3.5	0.001 6	2.31	1 270.30
2013-12-2	16	0.044 7	2.8	0.001 3	1.80	1 272.10
2013-12-3	17	0.046 9	3.2	0.001 5	2.16	1 274.27
2013-12-4	18	0.049 3	6.3	0.003 1	4.47	1 278.74
2013-12-5	19	0.051 2	8.7	0.004 5	6.41	1 285.15
2013-12-6	20	0.026 7	7.5	0.002 0	2.88	1 288.04
2013-12-7	21	0.033 5	2.8	0.000 9	1.35	1 289.39
2013-12-8	22	0.042 1	3.2	0.001 3	1.94	1 291.33
2013-12-9	23	0.062 3	6.4	0.004 0	5.74	1 297.07
2013-12-10	24	0.055 1	8.5	0.004 7	6.74	1 303.81

统计时间	抽采天数 /d	抽采流量 /(m³/min)	浓度 /%	瓦斯纯抽放量 /(m³/min)	日平均抽采瓦斯 纯量/(m³/d)	累计瓦斯抽采 总量/m³
2013-12-11	25	0.057 5	8.3	0.004 8	6.87	1 310.68
2013-12-12	26	0.058 0	9.2	0.005 3	7.68	1 318.37
2013-12-13	27	0.033 3	6.8	0.002 3	3.26	1 321.63
2013-12-14	28	0.045 3	6.4	0.002 9	4.17	1 325.80
2013-12-15	29	0.043 2	7.2	0.003 1	4.48	1 330.28
2013-12-16	30	0.038 6	5.8	0.002 2	3.22	1 333.51

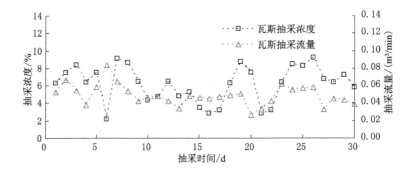

图 8-22　2 号压裂钻孔瓦斯抽采浓度、流量曲线图

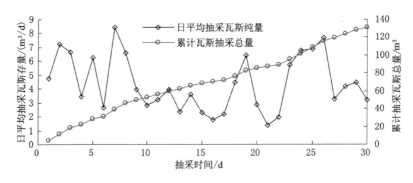

图 8-23　2 号压裂孔钻单天和累计瓦斯抽放流量曲线图

从图 8-22、图 8-23 可以看出:2 号压裂钻孔单孔抽放流量最高为 0.083 4 m³/min,最低为 0.026 1 m³/min,平均达到 0.048 8 m³/min;单孔抽放浓度最高为 9.2%,最低为 2.2%,平均抽放浓度为 6.2%,压裂钻孔日抽采纯瓦斯量平均在 4.383 m³,最低值为 1.35 m³,最高值达到 8.45 m³,一个月内单孔累计抽采纯瓦斯量达 70.27 m³。

(3) 1、2 号压裂孔瓦斯抽放效果对比

据统计,未采取水力压裂措施区域的抽放钻孔抽放浓度在 6%~12% 之间,平均为 9.5%;抽放流量在 0.045~0.058 m³/min 之间,平均仅为 0.051 m³/min;钻孔的日抽采纯瓦斯量最高为 10.02 m³/d,最低为 3.89 m³/d,平均在 6.98 m³/d。

将 1、2 号压裂钻孔的瓦斯抽放效果与该矿其他区域未采取水力压裂措施钻孔的抽放效

果进行对比(表 8-11),分别绘制 3 个比较对象的单孔瓦斯抽放流量与单孔抽放浓度对比图(图 8-24、图 8-25)。

表 8-11　　　　　　　　　　　　压裂钻孔抽采效果对比表

	单孔抽放流量/(m³/min)			单孔抽放浓度/%			日抽采瓦斯量/(m³/d)		
	最高	最低	平均	最高	最低	平均	最高	最低	平均
1 号压裂孔	1.124 7	0.476 5	0.745 5	81.6	43.4	60.28	1 209.82	300.36	671.57
2 号压裂孔	0.083 4	0.026 1	0.048 8	9.2	2.2	6.2	8.45	1.35	4.383
未压裂抽放孔	0.058	0.045	0.051	12	6	9.5	10.02	3.89	6.98

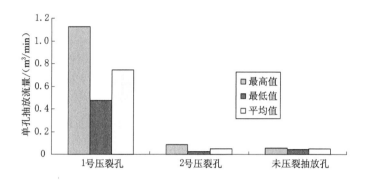

图 8-24　单孔瓦斯抽放流量对比图

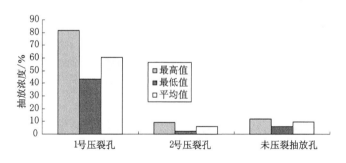

图 8-25　单孔瓦斯抽放浓度对比图

通过表 8-11 及图 8-24、图 8-25 可以看出,与未采取压裂措施区域的抽放钻孔对比,对 1 号压裂钻孔而言,压裂措施采取后抽放 30 天时间内日瓦斯抽采流量平均提高了 13.6 倍;抽采浓度平均提高了 5.4 倍;日抽采瓦斯量提高了近 100 倍。尽管随着时间的推移,压裂钻孔的抽采浓度与流量会逐步衰减,但在措施采取后的相当一段时间内,其数值都较压裂前有很大程度的增加(如河南义马煤业集团公司新安煤矿在 14070 回采工作面采取顶板压裂措施后,两个月时间内瓦斯抽放浓度仍然维持在 35%以上)。

对 2 号压裂钻孔而言,无论是平均日瓦斯抽采流量、抽采浓度还是日抽采瓦斯量都比与未采取压裂措施区域的抽放钻孔的数值压低。以上再一次证明了对煤体松软破碎的 9 煤层进行压裂没有卸压增透效果,相反一定程度上高压水反而成为 9 煤瓦斯运移的阻力。

8.4.3 压裂影响半径考察

目前井下钻孔水力压裂半径可使用微震法、水分对比法等,这些均是需布置钻孔,并且由于受到较为严格的相关数据测试限制对应用条件有较严格要求,不易实施。因此,这些方法本次压裂半径考察不予采用。考察方法如下:

应用瞬变电磁仪井下探测方法,通过成像解释直观地了解、掌握注入高压水沿煤岩层走向、倾向及法向的滤失、流动方向和范围。通过此种手段,一方面可以比较准确地分析、确定水力压裂的有效影响半径;另一方面,还可及时根据高压水的流动范围,及时调整、优化水力压裂技术工艺,并对煤岩原始裂隙采取类似图 8-4 所示的堵漏措施。

(1) 瞬变电磁法原理简介

瞬变电磁法属于时间域电磁法(Time domain electromagnetic methods),英文简称为 TEM。在仪器操作过程中用不接地的回线或者是接地的线源向所测试的对象发射脉冲磁场,利用该磁场的时间间隙使用仪器的线圈(也可使用接地电极)观测二次涡流,最终经过仪器分析测试结果。TEM 的基本工作原理便是电磁感应定律,其使用操作办法主要包括下列步骤:在测试地点附近设置一发射线圈并给线圈通以某一固定的波形电流。由于电流的通过,发射线圈附近空间内会产生一定的电磁场,测试目标(此处测试目标为是煤岩体)内会产生感应电流;断电以后,煤岩体内的电流会由于损耗而随着时间衰减,衰减分为早期、中期以及晚期 3 个过程。在早期衰减中,电磁场频率高,衰减速度快;而晚期衰减过程中电磁场频率相对较高,衰减速度较慢。通过对二次场随时间变化规律的测量便可分析得知不同测试深度地点的电磁特征[191-192]。TEM 的工作原理如图 8-26 所示。

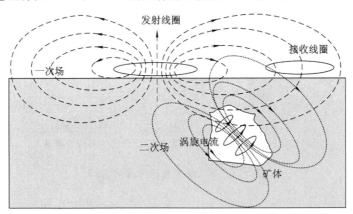

图 8-26　THM法工作原理示意图

20 世纪 30 年代苏联专家首先提出将瞬变电磁信号用于地质勘探[193]。20 世纪 60 年代,苏联科学家将该理论推广到现场试验后,加拿大、美国等西方发达国家逐渐开始关注并研究瞬变电磁的相关理论及应用。直至 80 年代,随着计算机技术的不断发展,多功能的电法仪器相继被研制出来。瞬变电磁技术在硬件上取得了很大的发展,能实现复杂地质条件下较大深度的探测[194]。瞬变电磁法研究在我国始于 20 世纪 70 年代[195],80 年代中后期得到了迅速推广,尤其在矿产调查、地下水勘探以及地质灾害预测中取得良好的应用成果。近几年,随着煤矿、隧道等地下工程超前预测预报方面的要求,瞬变电磁逐渐得到了广泛应用。

中国矿业大学、中国科学院地球物理研究所、煤炭科学研究总院西安分院、西安交通大学等单位按照地下工程的需求及特点,在理论研究、仪器开发研制、地下工程施工技术、探测数据解释、探测数值模拟等方面取得了丰硕的研究成果,给工程现场解决了许多技术难题[198-201]。

干燥煤岩体的电阻率数值较大,实际上由于煤体属于孔隙、裂隙结构较发育的地质单元,其电阻率数值会随着煤体湿度或含水饱和度的增大而急剧降低,电阻率数值大小的高低变化可以反映煤体内部含水率。当煤层赋存相对完整时所测得的电阻率数值也会相应比较高;当地质构造运动或地下水影响煤体时,煤层将受到破坏或者水的侵入,因而煤体破裂程度及其含水饱和度会变大,其导电性能会随之显著提高,进而电阻率数会降低,在电阻率断面图上将会显示低电阻率区,对应的含水率图上也会显示高含水量区。对煤层进行高压水力压裂过程本质上就是煤体在外加水动力作用下,煤体产生裂隙、裂隙延伸扩展、煤体含水性增加的过程。因此,基于上述理论基础,可以应用瞬变电磁法对煤层水力压裂后水流场特征进行分析。

（2）试验地点、数据采集及处理

本试验使用的 PROTEM—47 系列瞬变电磁仪是专门为煤矿井下顶底板探水、超前探测用的仪器（进口于加拿大）,回线边长 1.5～3 m,勘探深度在 100 m 左右。配有专门的解释软件,主要由接收机、接收线圈及发射机组成（图 8-27）。

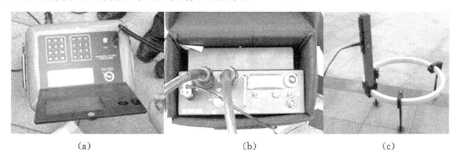

（a）　　　　　　　　　　　（b）　　　　　　　　　　　（c）

图 8-27　PROTEM47 矿井瞬变电磁仪实物图
（a）接收机;（b）发射机;（c）接收线圈

本试验工作在 I13 回风大巷 1 号压裂附近进行,于 1 号压裂孔高压注水前及注水结束 2 天后分别进行。瞬变电磁仪器施工期间,I13 回风大巷内要切断所有电源,附近大型机械停止活动,尽可能创造有利的探测环境。

沿着 I13 回风大巷方向即 9 煤的走向在 1 号压裂孔两侧每隔 10 m 分别布置 10 个测点,共计 20 个测点（图 8-28）分别对压裂孔左右两侧 100 m 范围内进行探测。测试时,发射线圈及接收线圈与 1 号压裂孔的方位角度尽可能保持一致。

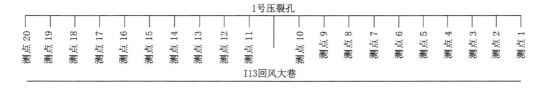

图 8-28　探测点布置示意图

瞬变电磁仪实际上测定的是瞬变感应电压的大小,该数值来源于每个测点所对应的时窗。瞬变电压需要转化成电阻率,最终可以显示含水率的大小。可按照如下步骤对数据进行处理,数据处理流程如图 8-29 所示。

① 滤波:由于矿区内煤岩体内存在很强的电磁噪声。因此在处理资料前,第一步需要对所采集到的数据进行过滤,消除内部的噪声,筛选出有价值的资料。

② 时深转化:仪器感应到的是二次场电位场随着时间的变化,为便于工程技术人员对所测试数据的观测,这些数据需要转化成电阻率值与深度之间的关系。

③ 绘制测试参数的图件:根据所采集到的数据绘制相应的测线视电阻率图(含水率图),然后结合测试区域的相关地质资料进行分析。

④ 模拟实验及工程设计:TEMINT 所具有的高级功能便是该模块,在理论研究方面该模块为专业技术人员搭建了一个平台,同时该模块也是一个为使用者提供工程设计的工具。使用人员可以根据自身的要求进行建模,选取不同的参数,得到相对应的曲线。

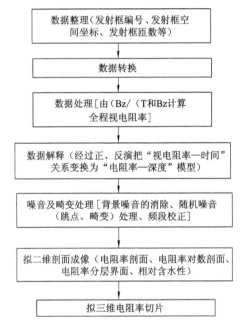

图 8-29　TEm 数据处理流程

(3) 试验结果分析

图 8-30 为绘制的 1 号压裂钻孔水力压裂前、后系统生成的含水率图,图中纵坐标为探测深度方向,横坐标为探测点位方向。剖面图中 A→B→C 代表含水率由高→中→低的变化,图中不同等值线反映了其相应含水率值的大小。A 代表富含水区,C 则代表贫含水区。

通过瞬变电磁法对临涣煤矿 9 煤层水力压裂水流场的探测可以得出如下结论:① 高压水流场对煤层影响的范围较大,大致在 30 m 以上,可以推知水力压裂影响半径在 30 m 以上。从区域瓦斯防治技术的角度上来讲,水力压裂技术措施非常适合《防治煤与瓦斯突出规定》强调的区域瓦斯治理理念。② 压裂影响区域具有不均匀性,在受采掘影响较大的应力释放区以及具有较好渗水性能的裂隙发育区内容易出现压裂液的优势通道,形成水力压裂泄压带,过早地将大裂隙沟通,造成压裂液在低渗区段短路流动,将给水力压裂的持续进行

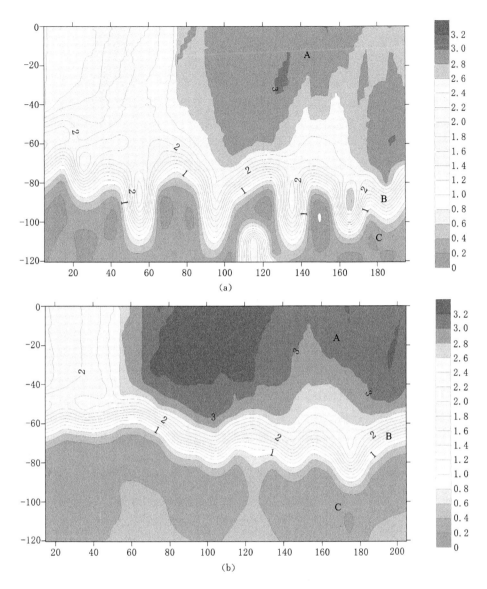

图 8-30　压裂前后含水率对比图
(a) 压裂前；(b) 压裂后

带来不利影响。③ 由于煤层顶、底板为岩层，其强度要大于煤层。因此对于完整的煤层围岩，水力压裂一般只会限制在煤层进行。④ 由于煤层赋存地质条件的不均匀性，对设计控制范围内煤岩体实现整体、均匀压裂带来了困难。要达到理想的压裂效果，水力压裂优化工艺是必然选择。⑤ 利用瞬变电磁法对煤层水力压裂的流场进行探测技术上和实践上都是可行的。通过对水力压裂前后煤层流场特征的对比和分析，既能在设计、施工上指导水力压裂的实施，还能在效果评价上提供科学参考。

8.5   本章小结

现场试验研究进一步证实:并不是所有的煤层都适合采用水力压裂措施进行卸压增透。目前煤层水力压裂技术和工艺之所以在不少矿区、煤层没有取得比较理想的效果,主要原因在于预先对不同压裂对象(煤体)的可压裂特性不明确[202-203]。如果不因地制宜地充分考虑井下不同的实际条件,仅仅一味地效仿或照搬以往成功案例的办法和经验,往往存在很大的盲目性和不确定性,这会严重影响水力压裂技术和工艺的实施效果,甚至导致最终的失败。

对松软易破碎煤层而言,在其顶底板相对坚硬、致密的前提下,可进行顶板或底板水力压裂卸压增透。措施采取后顶底板岩层会产生大量贯通性较好的裂隙,煤层内的瓦斯运移至顶底板的裂隙,从而起到对煤层卸压增透和防突的作用[204]。

8.5.1   软煤施工钻孔进行水力压裂存在的问题

(1)钻孔施工困难且危险。在松软破的高瓦斯突出煤层(或煤层段)施工钻孔,发生顶钻、卡钻、喷孔的频率非常高。

① 施工难度增加、工期延长、钻具损失等不利因素。

② 施工人员需要直接面对具有高瓦斯突出危险性的煤体(或穿层钻孔),在短兵相接的条件下作业,生命安全时刻受到威胁。

(2)钻孔不易维护,有效利用率低。松软煤层具有强度低、易破碎的特点。即使已经施工好的煤层钻孔,在地应力、构造应力、采掘应力等因素的影响下,短时间内会出现坍塌、压实、闭合等情况,以至于执行后续的水力压裂或其他卸压措施时,先前的煤层钻孔已经严重变形甚至消失[205]。

(3)对煤层钻孔(或钻孔煤层段)实施水力压裂,水力压裂作用范围小、效果差。

① 高压水在煤层钻孔里极易与软煤结合形成煤泥(浆)导致塌孔。

② 高压水作用于钻孔四周松软煤体时造成其发生塑性变形,从而导致煤体被进一步压实。

③ 即使水力压裂措施在松软煤体里具有一定的卸压增透作用,其有效作用半径也很小,通常不会超过 1.0 m;而且裂隙在很短时间内即恢复原状。

8.5.2   近煤层顶板钻孔水力压裂卸压增透机理

(1)通过水力压裂可以使岩体局部卸压,或应力分布状态改变。岩石被压裂后发生脆性变形,新生、扩展和延伸的裂隙比较稳固,并可以保持得更加长久,便于实现多次重复压裂。

(2)在持续的高压、低流量水作用下,顶板钻孔周围一定范围内的岩石会发生破断并生成一定数量的新裂隙。

(3)继续注入低压、大流量水,促使新生裂隙进一步扩展,并与顶板原生裂隙沟通。随着压裂时间的延长,裂隙进一步扩展,沿横向达到一定范围(由注入水量和压力控制),沿纵向与下部煤体及其裂隙沟通。

(4)通过水力压裂形成顶板裂隙区(裂隙发育情况如图 8-31 所示),注入的高压水改变了围岩及其下部煤体的应力分布状态,应力集中带发生转移,煤的瓦斯透气性得到提高。

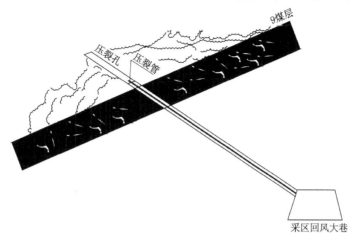

图 8-31　顶板水力压裂裂隙发育示意图

8.5.3　应用前景分析

（1）通过此次顶板水力压裂实验证明,采取近煤层顶板钻孔水力压裂实现卸压增透、强化松软煤层瓦斯预抽在临涣煤矿新安煤矿具有可行性。

（2）尝试在 9134 工作面上、下巷掘进、回采期间进行第二阶段的近煤层顶板顺层钻孔水力压裂实验。若能连续取得预期效果,则将在全矿乃至淮北矿区具有突出危险性的煤巷掘进和回采工作面进行广泛推广、应用。同时,将抽采的高浓度瓦斯进行回收利用,亦可创造可观的经济效益。

（3）通过在两个矿井实施顶板水力压裂技术与工艺,实现了对松软、低透气性煤层及其顶板裂隙卸压瓦斯的立体、强化预抽;逐步形成一套预防煤与瓦斯突出灾害的有效技术体系;并尝试采用该技术措施替代顶、底板卸压抽采,实现大幅度节约瓦斯治理和安全生产成本。

（4）通过进一步对该技术工艺参数进行优化,并将裂隙闭合后的多次重复压裂和深孔定向预裂爆破技术引入作为辅助措施,还可使卸压增透及强化预抽本煤层瓦斯的实施效果得到更加显著的提高。

9 顶板水力压裂技术在新安矿的应用

开展了顶板水力压裂卸压增透治理瓦斯机理研究,分析了顶板水力压裂钻孔起裂机理及裂隙扩展延伸机理,建立了煤岩体钻孔水力压裂力学数学模型,阐明了钻孔致裂及裂隙扩展延伸的力学条件;煤岩体高压致裂条件下,打破含瓦斯煤岩体原始应力和瓦斯赋存状态,使得煤层中局部区域地应力和瓦斯压力降低。研究成果为煤矿井下水力压裂技术的推广和应用提供了理论分析基础。

9.1 矿井概况

义煤集团新安煤矿(简称"新安矿")位于新安县城以北 15 km,为石寺、北冶、正村及仓头四个乡管辖。地理坐标为东经 $112°02'30''\sim112°14'00''$,北纬 $34°45'00''\sim34°54'30''$。井田边界东以 F_{29} 及 F_2 断层为界,西以第三勘探线为界,浅部以二$_1$ 煤层底板 $+150$ m 等高线为界,深部以二$_1$ 煤层底板 -200 m 等高线为界。走向长 15.5 km,倾向宽 3.5 km,面积约 54 km^2。

新安煤矿位于洛阳市新安县城以北 15 km。井田走向长 15.5 km,倾向宽 3.5 km,面积 50.3 km^2。1988 年建成投产,设计年生产能力 150 万 t,矿井采用双水平上下山开拓布置,一水平标高 $+150\sim-50$ m,二水平 $-50\sim-200$ m,井口标高 $+305$ m,目前主要开采一水平。采煤工艺主要是炮采和综采,采煤方法为走向长壁后退式,全部垮落式管理顶板。新安煤矿通风方式为中央并列与区域混合式。

9.1.1 煤层赋存及煤质特征

本井田含煤地层有太原组、山西组、下石盒子组及上石盒子组,属多煤组多煤层地区。含煤地层总厚约 576 m,共含煤六组,计 28 层煤。煤层总厚 7.30 m,含煤系数 1.27%,全井田仅二$_1$ 煤层大部分可采,其他煤层均属不可采或偶尔可采。二$_1$ 煤层厚度 $0\sim18.88$ m,可采煤层总厚 4.22 m,可采含煤系数 0.73%。位于山西组下部,为不稳定煤层。煤层结构较简单,局部含夹矸 $1\sim2$ 层,单层厚度为 $0.04\sim0.70$ m,岩性为砂质泥岩、泥岩或炭质泥岩。由于井田内地层倾角平缓,构造简单,并以封闭式断裂为主,煤层较厚,且变质程度较高,瓦斯赋存条件较好,因此瓦斯含量较大。

二$_1$ 煤层位于煤组底部,大占砂岩为其直接顶板。二$_1$ 煤煤岩成分多以亮煤为主,暗煤次之,其中夹微量丝炭和少许镜煤条带。平均容重 1.39 t/m^3,比重为 1.5,孔隙度为 $7\%\sim12\%$。煤层结构简单,机械强度极低,粉状,易污手。经燃烧试验属较易燃。局部见有少量硫化物,呈结核状及浸染状分布,煤层下部煤质一般较劣。

二$_1$ 煤层煤种属贫煤,比重 1.5,容重 1.39 t/m^3;孔隙度为 $7\%\sim12\%$;多呈参差状断口,结构简单,组织疏松,机械强度极低,呈粉状;经原煤机械性能测定结果:静止角为 27°,摩擦角 35.7°,散煤容重 0.954 t/m³;二₁煤层原煤灰分平均产率为 20.01%,属中灰煤;二₁煤层水分为 0.58%,可燃体挥发分为 15.52%,爆炸指数为 15.53%～16.82%,有煤尘爆炸危险性。根据 2004 年 7 月煤炭科学研究总院重庆分院对新安矿进行的煤炭自燃倾向性鉴定结果,为不易自燃,自燃发火期为 6 个月。

9.1.2 矿井开拓

新安煤矿矿井设计由河南煤炭设计院承担,设计年生产能力为 150 万吨,设计服务年限 83.1 年。1978 年 12 月开始建矿,1988 年 12 月建成投产。2004 年核定生产能力 150 万吨/年,原煤产量 127.4 万吨。

矿井开采煤层为二叠系山西组二₁煤,开拓方式为斜井双翼双水平上下山开拓,Ⅰ水平为 +150～-50 m,Ⅱ水平为 -50～-150 m。采区开拓前进式,工作面回采后退式。目前开采一水平,开拓面积约 12 km²,分东西两翼进行分区开采,东翼有 11、13、15 采区,西翼有 12、14、16 采区。

矿井有 5 个进风井,5 个回风井,通风方式为中央分列与分区混合式通风,抽出式通风方法。采煤方法主要是炮采放顶煤和综采放顶煤,走向长壁后退式采煤法,全部垮落式管理顶板。回采工作面采用"U"形通风,一般配风 600～800 m³/min。掘进工作面采用局扇通风,一般掘进头配风 200～250 m³/min。开采煤层具有自燃发火倾向,发火期为 2 个月。煤尘爆炸指数为 15.52%～16.68%,有爆炸危险性,经鉴定煤层自然发火期为 6 个月,属不易自燃煤层。

9.1.3 地质构造发育特征

新安煤矿位于新安向斜北翼,为一平缓的单斜构造。井田内地层走向北东,倾向南东,倾角西部稍大,在 9°～11° 之间,东部较小,为 7°～8°。据三维地震勘探资料,井田总体上为一平缓单斜构造,在单斜构造背景上发育有小的波状起伏或次级褶皱,使煤层底板等高线发生不同程度的弯曲变化。井田内大中型断裂构造稀少,规模比较大的断层主要有 F₅₈、F₂ 和 F₂₉,而且均为井田边界断层。

F₅₈ 断层,又称龙潭沟断层。位于矿区西南部边界龙潭沟、山神庙一带,走向 N40°～50°W,倾向 NE,倾角 70°～80°,落差大于 500 m,延伸长度约 45 km。断层 SW 盘远离断层依次出露奥陶、寒武和震旦系地层;断层 NE 盘远离断层依次出露寒武、奥陶、石炭、二叠系地层。在靠近断层处,两盘岩层产状变化均出现直立和倒转,远离断层,岩层产状逐渐趋于正常,另外,在断层北部断层上盘奥陶系灰岩地层中,有一系列断层发育,规模不等,与主断层近于平行,可视为主断层的伴生构造。

F₂ 断层,亦称许村断层,自学村经 80 号孔附近过畛河经陈湾南沟、石家门外向东延展,走向近 EW,倾向 N-NNE,倾角 65°～70°,落差 150～200 m,为井田东北部边界断层。地表迹象明显,畛河西岸见 P₂₁₋₂ 与 P₂₂ 地层呈断层接触,东岸见 P₂₁₋₁ 与 P₂₁₋₂、P₂₁₋₂ 与 P₂₂ 地层呈断层接触,80 号孔在孔深 136.17 m 处穿过本断层,落差 150 m。

F₂₉ 断层,该断层在地表自老大沟经眷庄村延伸至畛河后交于 F₂,为井田东北部边界断层。地表所见落差 25～50 m,走向 NNW,倾向 SWW,倾角 65°～70°,勘探中有补₈、补₉、补 10 地质点控制,均见 P₂₁₋₂ 上部地层与 P₂₂ 呈断层接触。3302 钻孔附近见 P₂₁₋₂ 地层错开;

3501 孔中见二₁煤底板泥岩直接覆于太原组 L7 灰岩之上,岩心破碎且倾角变陡,地层间距缩短 14 m。

除了上述主要构造行迹外,井田周围尚发育一些规模较小的断层,落差小于 35 m,延伸长度一般在 1 000 m 范围之内。

9.1.4 瓦斯赋存特征

井田内边界地质条件基本相似,为同一瓦斯地质单元。浅部二₁煤层露头为逸散边界,北东、南西两端为封闭式断裂(F_2、F_{29}、F_{58}),瓦斯受其阻截,深部随煤层埋藏深度的增加,瓦斯含量逐渐增大。由于井田内地层倾角平缓,构造简单,并以封闭式为主,煤层较厚,且变质程度较高,瓦斯赋存条件较好,因此瓦斯含量较大。根据统计分析表明,埋藏深度、地质构造和构造软煤厚度变化是控制瓦斯突出的主要因素,其次是煤层顶板岩性。

自二₁煤层露头向深部依次出现瓦斯风化带(CO_2-N_2、N_2-CH_4)和瓦斯带,大致沿煤层走向呈带状分布。瓦斯风化带与瓦斯带的分界线位置大约位于煤层底板标高+150 m 一线。+150 m 标高以上为瓦斯风化带,CH_4 成分<80%,含量在 4.0 m³/t 以下;+150~-200 m 之间为瓦斯带,CH_4 成分>80%。新安矿浅部井田边界标高+150 m,深部井田边界-200 m,因此,整个井田完全处在瓦斯带内。总体上来看,瓦斯含量自二₁煤层露头向深部逐渐增大,井田上部边界+150 m 一线瓦斯含量约 4.0 m³/t,至井田深部-100 m 一线瓦斯含量达到 10 m³/t 以上。从-100 m 标高至井田深部边界-200 m 瓦斯含量变化趋势不明显。

9.1.5 瓦斯突出

新安煤矿属煤与瓦斯突出矿井,瓦斯涌出量大且不均衡,受煤层厚度变化影响较大,煤层瓦斯含量为 7~20 m³/t,煤层瓦斯压力 0.26~1.0 MPa。2003 年以来,个别地段出现的瓦斯集中涌出现象和偶然发生的瓦斯局部聚集等,成为发生瓦斯事故的隐患。2005 年定为煤与瓦斯突出矿井。

新安矿全层构造软煤发育,而且普遍达到Ⅲ~Ⅴ类煤,平均厚度达到 4.22 m,但是煤厚变化很大,而且有时在很短的距离内发生较大的变化之特点,当煤层厚度由厚急剧变薄时(地应力分量大),最容易出现压出,压出过程中地应力起着比较重要的作用。

根据统计,新安矿不同采区始突深度最小瓦斯含量略有差异,大体上在 9.0~10.0 m³/t 之间。从矿井出现的有统计的 11 次突出情况来看,与小断层有关的突出占 6 次,说明小断层是影响突出的重要因素之一。当顶底板为韧性较强的泥岩等容易发生塑性变形的岩层时,易发生底鼓和煤壁上部煤块(或碎煤)掉落、顶板掉渣等煤与瓦斯突出的征兆。因此,在顶底板有韧性岩石,而且变化较大时,要加强防突工作。

9.2 14170 工作面试验情况

9.2.1 工作面介绍

(1)工作面概况

该工作面位于 14 采区下山东翼中部,上邻 14150 工作面(已回采结束)保护煤柱,下邻

14190 工作面(已回采结束)保护煤柱;东邻 14 与 12 采区保护煤柱,西邻 14 采区下山保护煤柱。工作面地表无村庄、水体,地面标高＋520～＋582 m,工作面标高 0～＋31 m。工作面走向长 703～690 m,倾向长 140 m,煤层倾角 3°～8°,煤层厚度 0～14.5 m。

（2）煤层赋存、瓦斯地质概况

该工作面地质条件简单,褶曲宽缓。从 14150 下巷和 14190 上巷揭露情况看,14170 工作面二₁煤煤层底板起伏较大,总体上由外向里逐渐抬升,形成因素主要有煤层沉积过程中基底不平和后期地质构造运动。

14170 工作面煤层厚度变化较大,上巷外部煤层较薄,外段为无煤带,存在多处磕包,上巷里段煤层较厚,呈藕节状赋存;下巷外段为无煤带,中段存在两处薄煤带,切眼外段煤层较厚。

该工作面煤层不稳定,煤层结构简单,偶见夹矸和 FES_2 结核,煤层为不易自燃煤层,自然发火期为 6 个月,煤尘具有爆炸性。预计瓦斯绝对涌出量 3～5 m^3/min。

（3）顶板岩性简介

顶板由伪顶、直接顶、基本顶组成,厚度及组成成分如下:

伪顶为 0～1.5 m 厚的炭质泥岩,结构不稳定,随采随落;

直接顶为 2.5 m 厚的砂质泥岩、泥岩,该岩裂隙发育,底部含黄铁矿,具滑面;

基本顶由粉砂岩、中砂岩组成,厚度为 19.5 m。厚层状层理,具斜层理,裂隙发育,局部中夹二₂煤,如图 9-1 所示。

（4）地质构造情况简介

工作面地质条件简单,褶曲宽缓,二₁煤层底板基底起伏,总体上由外向里逐渐抬升;14150 下巷和 14190 上巷均未揭露断层,但地面三维地震成果显示,14170 工作面存在两处断层,分别为 DF_3 和 DF_8。其中 DF_3 正断层位于上巷距停采线 138 m 处斜交至 258 m 处,北西 75°走向,落差 4 m,距压裂高位钻场 97 m,预计无法对压裂效果造成影响。DF_8 正断层位于下巷距切眼 12 m 斜交至 38 m 处,南西 65°走向,落差 5 m,距压裂高位钻场 220 m,预计无法对压裂效果造成影响。地质构造分布如图 9-2 所示。

9.2.2 钻场与压裂孔布置

14170 工作面上巷顶板水力压裂钻孔位于上巷第四高位钻场内,钻孔设计开口位置位于伪顶内(距直接顶 1.5～2.0 m 处)。压裂钻场内共施工两个钻孔,分别是压裂钻孔和导向孔。压裂钻孔深 90.0 m,垂直巷道＋3°向下巷钻进;导向孔孔深 90.0 m,位于压裂钻孔右侧 1.0 m 同等高度处呈 45°偏角开孔,压裂钻孔及导向钻孔终孔进入直接顶 12 m。钻孔断面图及平面图如图 9-3 和图 9-4 所示。

9.2.3 压裂孔封孔工艺

封孔深度要求在应力集中带以内,裂隙方向和地应力场方向与钻孔方向不匹配时可适当加长封孔深度,此次压裂钻孔封孔由河南工程学院人员负责完成,矿方给予配合协助。

（1）压裂钻孔封孔段两端封堵

采用特种膨胀水泥浆封孔,具体封孔工艺如图 9-5 所示(以封孔深度 40 m 为例)。

封孔段内端(A 端)采用化学浆与棉纱双重封孔方法,在压裂注水管上焊接两个 φ85

地层单位		代号	层厚/m	柱状	岩性名称	岩性描述
统	组			1：100		
下二叠统	山西组	P_1^1	19.5		粉砂岩	深灰色，厚层状，中夹薄层中砂岩及砂质泥岩，微波状层理（sd）
					中砂岩	细—中粒块状，深灰色以石英及暗色矿物为主，含黄铁矿结核、泥质团块少量（sd）
			3.5		砂质泥岩泥岩	灰黑色，裂隙发育，底含黄铁矿结核，具滑面，底部为炭质泥岩，不稳定
			4.5		二₁煤	灰黑色粉末状，以亮煤为主，暗煤次之，为半亮型，含黄铁矿结核，大小为0.07～0.08 m
			3.6		砂质泥岩	深灰色，含白云母片及炭质、黄铁矿结核和植物化石碎片，具水平和缓波状层理，底部为砂质泥岩、粉砂岩互层，黑白相间为二₁煤直接底板
上石炭统	太原群	C_3	3.4		泥岩	深灰色，灰黑色，具水平波状层理。局部中间夹杂约0.3 m的铁里石
			3.5		泥岩	深灰色，具水平波状层理，顶部含0.2～0.4 m厚的薄煤层（一8煤），含黄铁矿结核，较稳定
			4.5		硅质泥岩	灰黑色，坚硬，致密，层理发育，俗称"铁里石"。全井田稳定发育，为本矿区主要标志层之一

图 9-1 14170工作面顶板预测柱状图

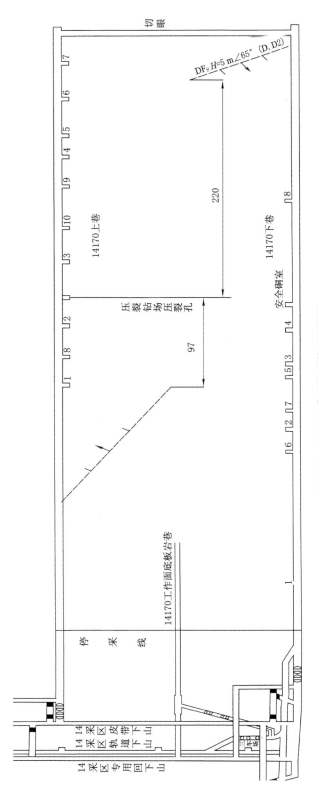

图 9-2 14170 工作面地质构造预测图

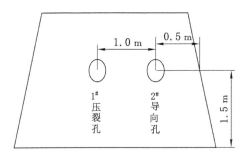

图 9-3　14170 上巷压裂钻孔断面图

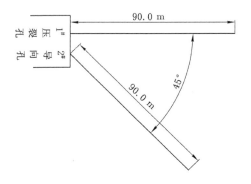

图 9-4　14170 上巷压裂钻孔平面图

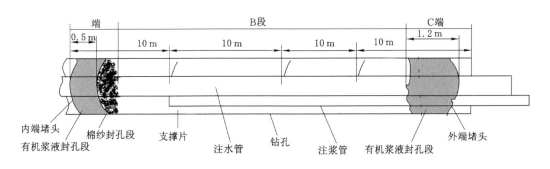

图 9-5　注浆封孔工艺示意图

mm 圆形堵头,堵头呈圆弧形(图 9-6),两堵头间距 0.5 m,其间采用高分子有机浆液(聚氨酯或马丽散)充填。其方法是将两根细长塑料袋分别灌满 A、B 液,两头扎紧,螺旋式缠绕于注水管两个圆形堵头之间上。当注水管被送至预定封孔深度时,通过预先置入的控制装置同时扯烂两根塑料袋,使两种有机浆液混合反应膨胀封堵钻孔。从而避免水泥浆封孔时浆液向压裂钻孔深处渗流,影响高压注水。其次采用棉纱在有机浆液封孔段前捆扎以辅助堵严封孔,起到双重堵浆的作用。

　　封孔段外端(C 端)采用有机浆液封孔的方法,其工艺与 A 端封孔工艺相同,堵头开一个槽,以利于安放封孔注浆管(图 9-7)。

　　(2)注浆封孔管安装

　　如图 9-5 所示 B 段所示,在注水管每隔 10 m 焊接一个 $\phi85$ mm 圆形支撑片(图 9-8),起

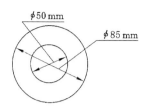

图 9-6 封孔内端(A 端)堵头示意图

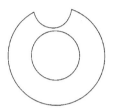

图 9-7 封孔外端(B 端)堵头示意图

到支撑注水管离开孔壁的作用,支撑片上对称开三个槽,以利于安放封孔注浆管和浆液流动。将封孔注浆管安放在支撑片凹槽内,用铁丝与注水管捆扎牢固,随注水管一起伸入孔内距封孔段内端 10 m。

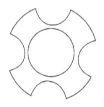

图 9-8 支撑片示意图

封孔注浆管采用 6 分钢管,每根钢管长 3 m,两头套丝,采用管箍连接;距孔口 10 m 的注浆管加工有钻孔,一周 3 个孔,不在同一圆周上,孔间距 0.2 m,孔径 8 mm(图 9-9)。孔口注浆管如图 9-10 所示,管长 2 m,注浆管口焊接 ϕ16 mm 的快速接头。

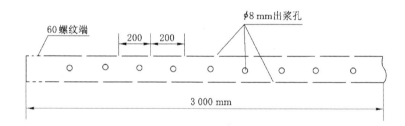

图 9-9 压裂钻孔内部注浆管示意图

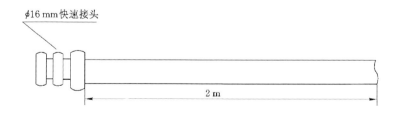

图 9-10 孔口注浆管示意图

(3) 压裂钻孔封孔段注浆工艺

注浆人员连接注浆泵压风及注浆管路,开压风运转注浆泵;开启搅拌机观察搅拌机是否运转正常;将注浆材料运至搅拌机附近,注浆系统试运转并确认正常后,将水、水泥、外加剂等按比例加入料搅拌桶,不停搅拌;将注浆管路与孔口管连接,开泵开始注浆;待注浆压力达到设计结束标准,关闭压风停泵,结束单孔注浆;在搅拌机中加入清水,开启注浆泵进行洗泵,至注浆管出浆为清水时停止。

9.2.4 压裂情况说明

压裂期间,最大压力达 23 MPa,压裂期间,注水压力起伏波动不大,后期(压裂进行 100 min 后)始终在 20 MPa 左右徘徊(图 9-11);此次压裂持续时间 3 h,压裂用水量在 80～120 m^3 之间(由于流量表跟不上注水量,采用供水管径大概进行计算所得出的数据)。

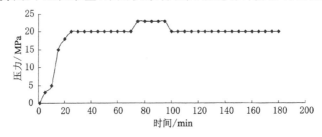

图 9-11 注水压力曲线图

9.2.5 压裂后现场观测现象及效果考察

压裂后,项目研究人员先后对以下几个方面观测压裂效果。

(1)进入现场观察巷道变形及顶板淋水情况

因为新安煤矿首次在矿区试验水力压裂试验,为了解在注入高压力水的情况下,巷道是否变形,对日后巷道维护及安全生产是否有影响,设计在压裂钻场前后 100 m 每隔 10 m 布置一组测点。考察巷道变形量。测点布置示意图见图 9-12 和图 9-13。

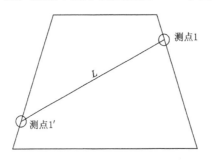

图 9-12 巷道变形量测定示意图

压裂前后,对比 20 组巷道变形量测定,结果表明巷道无变形,表明工作面顶板压裂对巷道维护等方面没有负面影响。

距压裂钻场 30 m 处 3 号钻场内,顶板出现线状淋水;压裂钻场 80 m(往皮带方向)内 2 号钻场和 1 号钻场出现不同程度的散点状滴水现象;淋水持续时间 3 天左右。

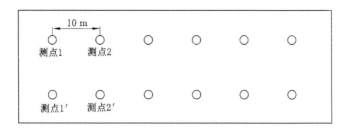

图 9-13　巷道变形量测定示意图(剖面图)

压裂孔 1 号阀门打开程度 1/3、2 号阀门半开,其中 1 号压裂孔水流较急,有明显压力,水流射至 1.5 m 远处(阀门距地面 1.7 m),2 号导向孔水流较急,有压力,1 号压裂钻孔产生裂隙并延伸至 2 号导向孔内,2 号导向孔封孔效果差。排水持续 1 天后,1 号压裂钻孔出水才不再呈现出压力,1 号压裂钻孔内裂隙较发育。

(2)压裂后钻孔瓦斯流量观测

压裂完成后,先使用煤气水分离器将钻孔内的高压煤水排干净,再连接瓦斯抽采管路进行抽采。为了考察压裂钻孔试验效果,项目组成员对压裂钻孔和导向孔进行连续瓦斯抽采数据观测,详见图 9-14 至图 9-17。

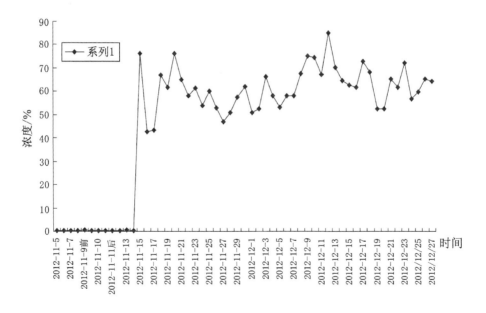

图 9-14　压裂孔瓦斯抽采浓度

压裂后的两个月内,压裂钻孔单天纯瓦斯抽采量平均为 600~800 m³,最高值近 1 200 m³;单孔累计抽采纯瓦斯量达 31 500 m³,最高抽采瓦斯浓度达 80%。即使在经历了两个月的时间抽采后,抽采瓦斯浓度仍保持在 40% 以上。

导向孔累计抽采纯瓦斯量达到 4 000 m³ 以上。

(3)压裂前后效检指标对比分析

为了全面考察顶板压裂钻孔对本煤层开采影响,项目组人员考察了 14170 工作面回采

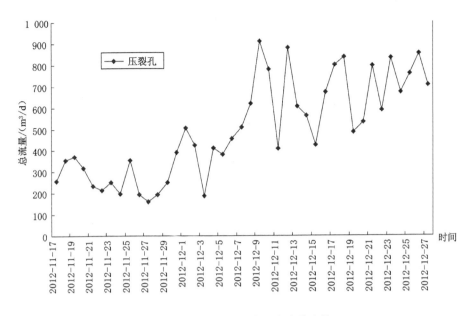

图 9-15　压裂孔瓦斯单天抽采总流量

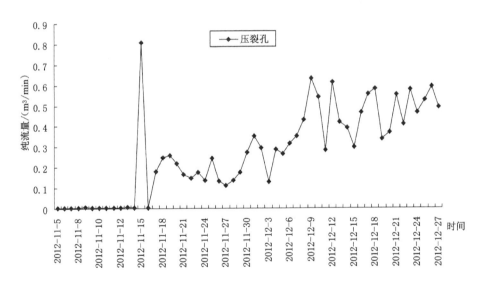

图 9-16　压裂孔瓦斯抽采纯流量

期间的部分突出预测参数和压裂过程中巷道瓦斯涌出情况,详见表 9-1,总体来看压裂后的效检指标整体小于压裂前的数值,降低了煤层的突出危险性。

压裂钻场下风向侧安装瓦斯浓度监测器,压裂过程中巷道瓦斯涌出并无大的变化。可见压裂过程不会引起巷道瓦斯超限。

综上所述,顶板水力压裂试验在 14170 工作面产生了较为理想的效果。不但为矿井瓦斯抽采提供了很好的技术支持,还降低了煤层突出危险性,且不引起巷道的变形和工作面瓦斯超限等。

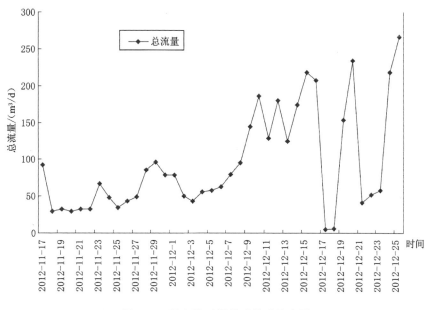

图 9-17　导向孔瓦斯单天抽采总流量

表 9-1			压裂前后效检指标对比表	
	行业标准	新安标准	水力压裂前	水力压裂后
钻屑解吸指标 $\Delta h_2/\text{Pa}$	（干） 200	（干） 180	78～137	58～117
瓦斯涌出初速度 $q_m/(\text{L/min})$	5	4	0.88～2.22	0.47～1.47
钻屑量 $S/(\text{kg/m})$	6	5	2.5～3.9	2.2～3.9

9.3　14200 工作面试验情况

9.3.1　工作面介绍

（1）工作面概况

14200 工作面位于新安煤矿一水平 14 采区下山西翼中部二₁煤层。上邻 14180 采空区保护煤柱，下邻 14220 采空区；东邻 14 下山保护煤柱，西邻 14、16 采区隔离煤柱。地面位于高坑东北 200 m～800 m 范围内，地表无水体和建筑物；地面标高＋548 m～＋570 m，工作面标高－20 m～＋5 m，平均埋深 570 m。

14200 上、下巷设计走向长 666 m，切眼设计倾向长 147 m，煤层倾角 5°～12°，平均 7°，煤层厚度 0.2～9.5 m，平均煤厚 5.5 m。

（2）煤层赋存、瓦斯地质概况

根据 14180 下巷和 14220 上巷揭露情况，14200 工作面煤层底板起伏较大，局部小褶曲发育，形成因素主要为煤层沉积过程中基底不平和后期地质构造运动。该工作面顶板岩性松软破碎、伪顶较不稳定(见煤层顶底板柱状图),上下相邻老巷未揭露断层,但顶板裂隙发育,造成局部巷道淋水较大。

根据邻区推测 14200 工作面煤层偶见夹矸和 FES_2 结核,煤层结构简单。工作面煤层厚度变化较大,总体上在沿空掘巷段煤层较厚,瓦斯含量较大。煤层变异系数 43%,可采指数 0.95,呈藕节状赋存,为较稳定煤层。煤层为不易自燃煤层,自然发火期为 6 个月,煤尘具有爆炸性。

(3)顶板岩性简介

顶板由伪顶、直接顶、基本顶组成,厚度及组成成分如下:

伪顶为 0~1.5 m 厚的炭质泥岩,结构不稳定,随采随落;直接顶为 2.2 m 厚的砂质泥岩、泥岩,该岩裂隙发育,底部含黄铁矿,具滑面;基本顶由粉砂岩、中砂岩组成,厚度为 19 m。厚层状层理,具斜层理,裂隙发育,如图 9-18 所示。

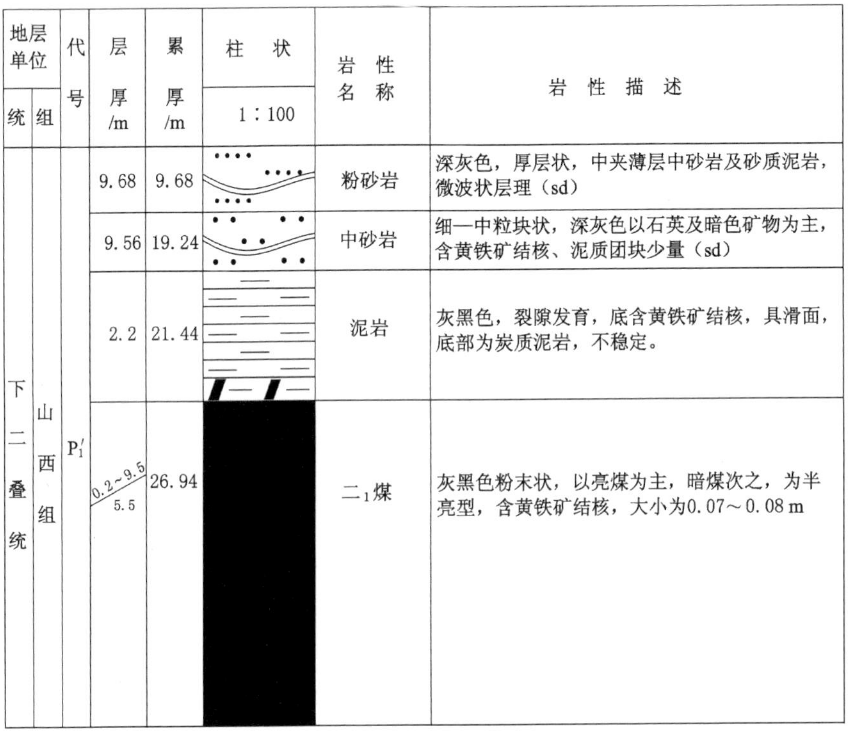

地层单位		代号	层厚/m	累厚/m	柱状 1:100	岩性名称	岩性描述
统	组						
下二叠统	山西组	P_1^l	9.68	9.68		粉砂岩	深灰色,厚层状,中夹薄层中砂岩及砂质泥岩,微波状层理(sd)
			9.56	19.24		中砂岩	细—中粒块状,深灰色以石英及暗色矿物为主,含黄铁矿结核、泥质团块少量(sd)
			2.2	21.44		泥岩	灰黑色,裂隙发育,底含黄铁矿结核,具滑面,底部为炭质泥岩,不稳定。
			0.2~9.5 / 5.5	26.94		二₁煤	灰黑色粉末状,以亮煤为主,暗煤次之,为半亮型,含黄铁矿结核,大小为0.07~0.08 m

图 9-18 14200 工作面顶板预测柱状图

(4)地质构造情况简介

该工作面水文地质条件相对复杂,主要充水水源为顶板砂岩裂隙水,其中地表为沿工作面倾向的浅沟地貌,导致顶板砂岩裂隙水赋存,掘进该段期间会增加上下巷顶板淋水,预计掘进工作面正常涌水量 2 m³/h,最大涌水量 8 m³/h。

工作面地面三维地震成果显示,14200 工作面存在一处断层,编号为 DF_{14-4}。该断层位于上巷距停采线 345.5 m 处斜交至 313.5 m 处,北西 70°走向,落差 0~2 m,属闭合断层,如图 9-19 所示。

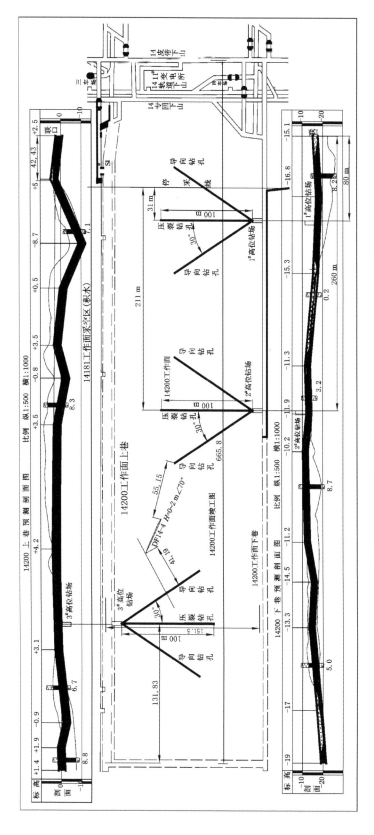

图 9-19 14200 工作面地质构造预测预测及高位压裂钻场位置图

9.3.2 钻场与压裂孔布置

根据 14200 工作面赋存基本情况,计划在 14200 工作面布置 4 个压裂钻场,每个钻场内布置 3 个钻孔,详见图 9-20。

(1) 14200 工作面上巷压裂钻孔、导向孔及考察钻孔布置

① 压裂钻孔及导向孔布置要求。

此次压裂钻孔及导向孔布置在 14200 上巷所做的压裂高位钻场内(以 2 号高位钻场布置为例)。压裂钻孔设计要求距离直接顶 3.0~4.0 m 高度处开孔(可在高位钻场距底板 1.0 m 处开孔),在煤层顶板内垂直上巷中心线平行于煤层倾向向下巷方向钻进,施工一个孔径 94 mm、钻孔深度 100 m 的压裂钻孔,其中二号高位钻场压裂孔俯角为 $-5°$,导向孔俯角为 $-7°$,四号高位钻场压裂孔俯角为 $-5°$,导向孔俯角为 $-7°$(图 9-19、图 9-21、图 9-22)。

两个导向钻孔与压裂钻孔的开口高度保持一致,夹角分别保持 $30°$ 和 $45°$(对比考查影响效果)。

② 考察钻孔布置要求。

此次考察孔主要布置在 14200 上巷下帮顺煤层钻孔,沿 14200 上巷下帮顺煤层倾斜方向分别施工平行考察孔(与压裂钻场的距离分别 30 m、40 m、50 m 和 25 m、35 m、45 m),布置如图 9-23 所示。

14200 上巷下帮顺层钻孔设计孔深 70 m,封孔深度要求 10~12 m,要求考察钻孔封孔良好不漏气。封孔结束后,在高位压裂钻场、压裂钻场及其左右 50 m 范围内上巷下帮考察孔上方煤层处、下巷上帮压裂孔对应点处及左右 50 m 处安设瓦斯探头,以便压裂期间实时监测钻孔瓦斯浓度变化情况(考察孔应尽可能利用压裂钻场附近现有的顺煤层抽采钻孔)。

(2) 14200 工作面下巷压裂钻孔、导向孔及考察钻孔施工要求

① 14200 工作面下巷压裂钻孔及导向孔布置要求。

14200 工作面下巷压裂钻孔及导向孔布置在 14200 下巷所做的压裂高位钻场内(以 1 号高位钻场布置为例)。压裂钻孔设计要求距离直接顶 3.0 m 高度处开孔(可在高位钻场距底板 1.0 m 处开孔),在煤层顶板内垂直下巷中心线平行于煤层倾向向上巷方向钻进,施工一个孔径 $\phi 94$ mm、钻孔深度 100 m 的压裂钻孔,其中一号高位钻场压裂孔仰角为 $+7°$,导向孔仰角为 $+9°$;三号高位钻场压裂孔仰角为 $+7°$,导向孔仰角为 $+9°$(图 9-19、图 9-21、图 9-22)。

两个导向钻孔与压裂钻孔的仰角和开口高度保持一致,夹角分别保持 $30°$ 和 $45°$(对比考查影响效果)。

② 14200 下巷考察钻孔布置要求。

此次 14200 下巷考察钻孔主要布置在 14200 下巷上帮顺煤层钻孔,沿 14200 下巷上帮顺煤层倾斜方向分别施工平行观测孔(与压裂钻场的距离分别 30 m、40 m、50 m 和 25 m、35 m、45 m),布置如图 9-23 所示。

14200 下巷上帮顺层钻孔设计孔深 70 m,封孔深度要求 10~12 m,要求考察钻孔封孔良好不漏气。封孔结束后,在考察孔口煤层上方安置瓦斯探头、上巷下帮压裂孔对应点处及左右 50 m 处安设瓦斯探头,以便压裂期间实时监测钻孔瓦斯浓度变化情况(考察孔应尽可能利用压裂钻场附近现有的顺煤层抽采钻孔)。

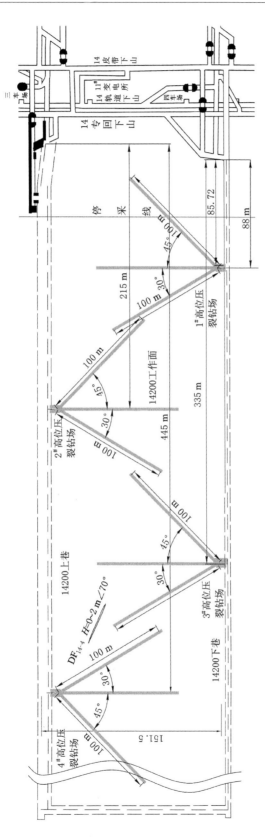

图 9-20 14200 工作面高位压裂钻场布置图

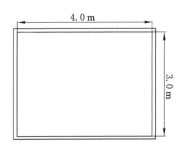

图 9-21　14200 工作面上巷高位压裂钻场断面图

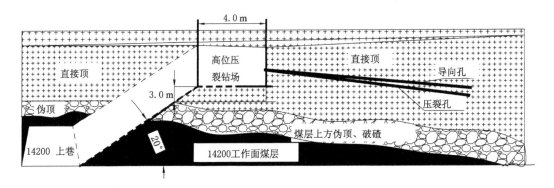

图 9-22　14200 工作面上巷高位压裂钻场剖面图

9.3.3　压裂孔封孔工艺

封孔工艺与 14170 工作面压裂钻场封孔工艺相同。

9.3.4　压裂情况说明

矿方在 7～10 月内,对 14200 工作面进行了压裂钻场施工和压裂试验,压裂试验初期发现压裂钻孔内压力无法高于 10 MPa,项目组成员多次开会,最后研究分析得出由于压力泵流量过小,无法满足长钻孔压裂条件。最后分析研究国内外井下压裂钻机,最后与河南煤层气公司达成协议,租用其公司大流量高压力矿用注水泵,并对矿方人员进行培训。压力泵参数见表 9-2。

更换压力泵后,进行新一轮的压裂试验,详见图 9-27 至图 9-30 所示。

4 号钻场 2 号压裂孔共压入水量 67 m³;4 号钻场 3 号压裂孔共压入水量 46 m³;2 号钻场 1 号压裂孔共压入水量 27 m³;2 号钻场 2 号压裂孔共压入水量 100 m³。

4 号压裂钻场除 1 号压裂钻孔出现严重漏水外,2 号、3 号钻孔压力都升高到 20 MPa 左右,压入水量为 67 m³、46 m³,且在钻孔 50～80 m 之内都有出水点(详见图 9-31),说明 20 MPa 的压力在 14200 工作面,可以达到这样的影响范围。但上巷 2 号钻场与下巷压裂钻场进行压裂时,注水压力总是无法升至 20 MPa,尤其是下巷压裂钻场,压入水量约 100 m³,但这两次的压裂,均没有出现明显的出水点。注水压力无法升高,注水量巨大,目前的观测手段无法确定,压裂水的影响范围和去向。

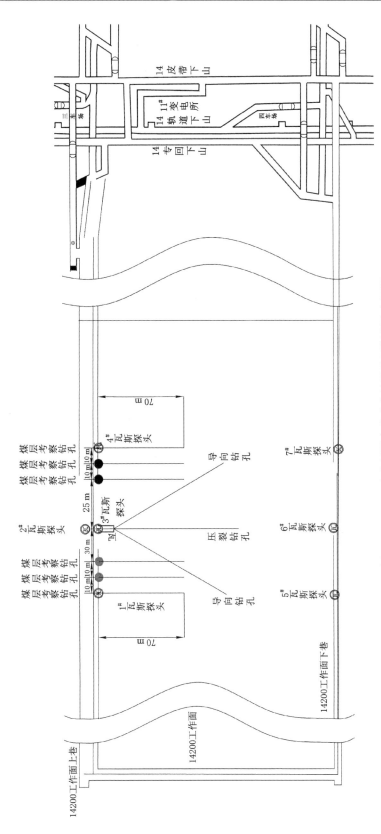

图 9-23 14200 上巷压裂实验考察钻孔及瓦斯探头布置图

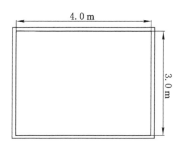

图 9-24 14200 高位压裂钻场断面图

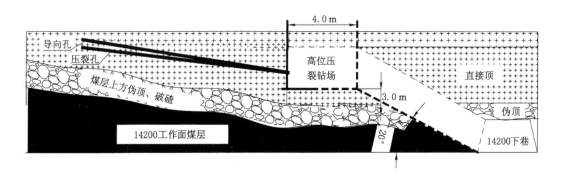

图 9-25 14200 高位压裂钻场剖面图

表 9-2 矿用水力压裂泵运行参数

柱塞直径 (英寸/mm)	档位	II	档位	III	档位	IV	档位	V	档位	VI
	压力 /MPa	流量 /(L/min)	压力 /MPa	流量 /(L/min)	压力 /MPa	流量 /(L/min)	压力 /MPa	流量 /(L/min)	压力 /MPa	流量 /(L/min)
3—1/2'' (88.9)	72	199.7	63.4	268.4	45.8	371	34.1	498.7	25.0	681
4'' (101.6)	55	260.8	48.5	350.5	35.1	484.5	26.1	651.4	19.1	889.5
4—1/2'' (114.3)	43.5	330	38.3	443.7	27.7	613.3	20.6	824.4	15.1	1125.8

最终项目组成员研究决定采用加拿大原装进口瞬变电磁仪对水力压裂影响范围和压力水去向进行测试。

14200 上巷 4 号高位压裂钻场共压裂三个钻孔,压裂顺序为 1 号→2 号→3 号,压裂间隔时间为一周至两周不等。

1 号孔压裂时,仅在上巷 4 号低位钻场出现煤壁漏水现象,压入水量有 2/5 左右从该钻场抽采钻孔处冲出;因压裂钻孔封孔不严,约有 2/5 水量漏出(总压入 80 m³);压裂完毕后,上下巷及压裂钻场内均无淋水或渗水现象。

2 号孔压裂时,5 号低位钻场出现顶板断裂以及煤壁涌水现象。压裂期间,煤壁上有三处出水点大量涌水(出水量占压入水量的 1/5),顶板有三处明显淋水点(呈筷子粗细股状流),约有 1/5 水量经 1 号压裂孔和 2 号压裂孔漏出(总压入水量 67 m³);压裂完毕后,5 号

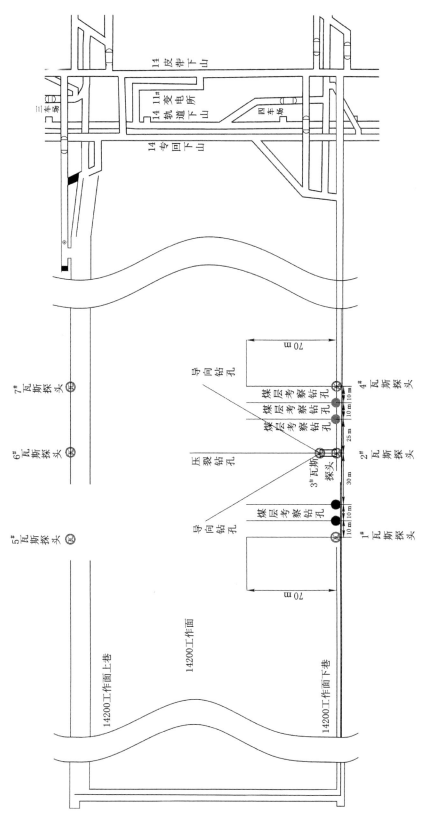

图 9-26　14200 下巷压裂试验考察钻孔及瓦斯探头布置图

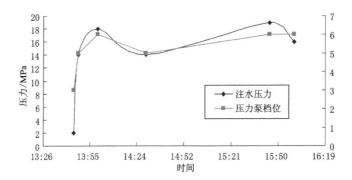

图 9-27　4 号钻场 2 号压裂孔压裂数据

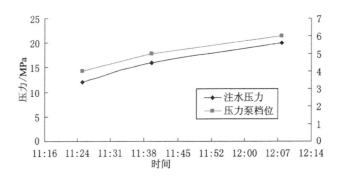

图 9-28　4 号钻场 3 号压裂孔压裂数据

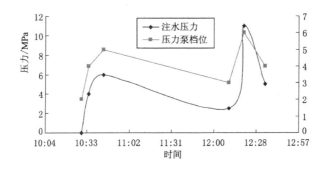

图 9-29　2 号钻场 1 号压裂孔压裂数据

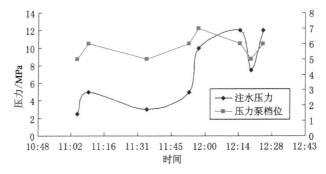

图 9-30　2 号钻场 2 号压裂孔压裂数据

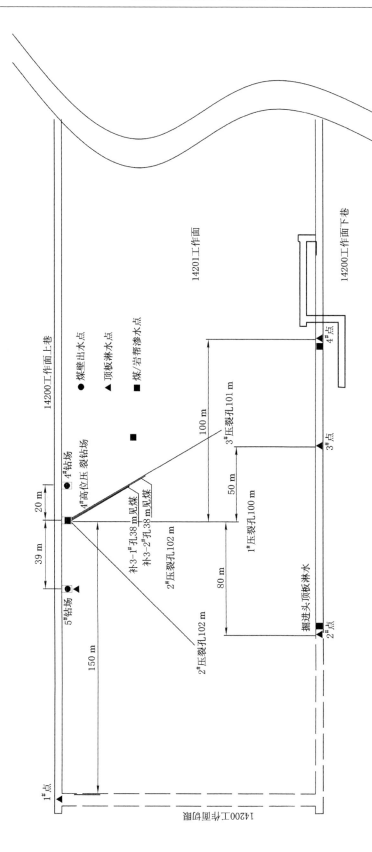

图9-31 压裂情况说明图

低位钻场出现煤壁出水及顶板淋水现象,4号高位压裂钻场岩帮上部多处出现浸湿渗水现象,比压裂孔高出 1.0~1.5 m 范围内。

3号孔压裂期间上下巷、钻场顶板及煤壁均无明显漏水现象发生。压裂后,经过近三天的观察,分别在上巷切眼处、下巷掘进头及下巷对应点处往外 50 m 和 100 m 点处出现顶板淋水现象。下巷掘进头 2 号点下巷 4 号点处上帮煤壁有浸湿渗水现象共压入水量 46 m³。

9.3.5 瞬变电磁测试结果与分析

(1)测试方案

在 2 号钻场往外 150 m 处开始向切眼,每 10 m 一个测点,测过 4 号钻场向内 120 m,总测长度 510 m(布置图见图 9-32)。

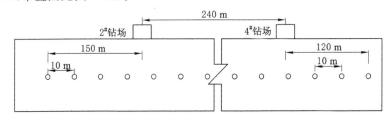

图 9-32 14200 工作面顶板水力压裂测点布置示意图

测定过程中,瞬变电磁仪两侧两条线,其中一条发射极与接收极垂直煤壁摆放,测得测定范围内煤层电阻率大小,另一条发射极与接收极与煤壁呈 45°上仰角度,测得测定范围内相应煤层顶板电阻率大小。

(2)测试结果与分析

瞬变电磁仪测定过程中,在 14200 上巷测得煤层与上覆顶板的电阻率详见下图 9-33 和图 9-34。

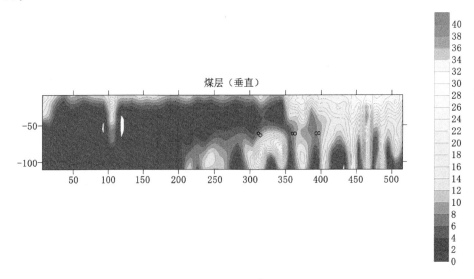

图 9-33 14200 上巷煤层电阻率测定图

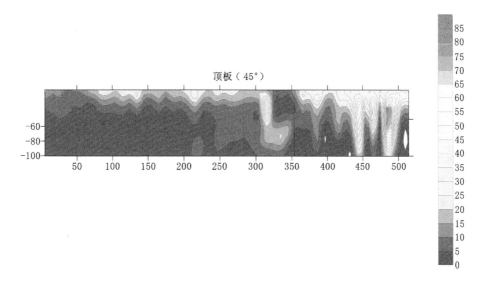

图 9-34　14200 上巷顶板电阻率测定图

从图 9-33 可看出 2 号钻场下方煤体视电阻率较低,往 14200 下巷方向电阻率呈下降趋势,可推断 2 号钻场压裂过程中大量的水已浸湿煤体,且压力水有往 14200 下巷运移趋势。4 号钻场下方煤体视电阻率较高,可推断 4 号钻场压裂时,大量的水并没有进入煤体中。从图 9-34 中可看出 2 号钻场煤层顶板视电阻率较低,往 14200 下巷方向电阻率呈下降趋势,可推断 2 号钻场压裂过程中,大量的水沿顶板向 14200 下巷运移,相应的 4 号钻场煤层顶板视电阻率也较低,推断压力水已影响此范围,且沿顶板向 14200 下巷运移。

根据现场观测可知,在 14200 下巷就没有明显的出水点,但根据瞬变电磁仪测得结果显示,大量的压力水是向 14200 下巷运移。根据矿井采掘平面图可知,目前 14200 工作面上巷与 14181 工作面采空区相邻,14200 下巷与 14221 工作面采空区相邻,形为孤岛工作面,推测大量高压水是否流入邻近工作面采空区。瞬变电磁仪测定结果结合相应钻场压裂时现场观测情况,可判断 4 号钻场压裂过程,直接顶与煤层之间裂隙不发育,大量压力水(约 20 MPa)沿顶板倾向方向在顶板裂隙中进入 14221 回采工作面采空区,水在顶板运移过程遇到一定的沿程阻力,因此呈现高压力,低视电阻率;2 号钻场压裂过程中,直接顶与煤层之间裂隙较发育,2 号钻孔下部煤体已大部分浸湿,且顶板也同样存在与 14221 相沟通的裂隙,大量压力水浸湿煤层的同时,流入 14221 回采工作面采空区,因此呈现人低压力,低视电阻率。

综上所述,根据 4 号压裂钻场的压裂情况来看,若钻孔封孔不存在问题,当压力达到 20 MPa 左右时,在钻孔 80 m 范围内会有出水点,说明钻孔已影响到该区域,即压裂钻孔影响范围为 80 m。

压裂过程中,巷道没有变形等情况发生,说明该措施对矿井安全生产没有负压影响。

2 号钻场压裂钻场和下巷压裂钻场压裂过程中,注水压力无法升高原因在与 14200 工作面形为孤岛工作面,顶板与 14221 采区空之间有裂隙沟通,大量水流入采空区。

9.4 14230 工作面试验情况

9.4.1 工作面介绍

（1）工作面概况

该工作面位于 14 采区下山东翼下部，上邻 14210 工作面（已回采），下邻 14250 工作面（未圈定）；东邻 14 与 12 采区保护煤柱；西邻 14 采区下山保护煤柱。工作面地表无村庄、水体。地面标高平均＋535 m，工作面标高平均－12.5 m，平均埋深 557.5 m，可采面积 105 851 m²。工作面设计走向长度 742.5 m，倾向长度 165 m，煤层倾角 6°～9°，平均 6°，煤层厚度 0～9.5 m，平均 3.79 m，该工作面煤层节理和层理中等发育，偶见夹矸，煤层中富含 FES_2 结核。

（2）煤层赋存、瓦斯地质概况

该工作面地质条件中等，褶曲宽缓。二₁煤层基底起伏，小型褶曲发育，煤层呈藕节状赋存，煤层不稳定，偶见夹矸和 FES_2 结核。煤层为不易自燃煤层，自然发火期为 6 个月，煤尘具有爆炸性。煤层层理和节理属中等发育，工作面原始瓦斯含量为 10～12 m³/t。

该工作面煤质松软，水分为 3.8，灰分为 16.4，挥发分为 15.8，发热量为 23.84 MJ/kg，硫为 1.5，工业牌号为贫瘦煤。

（3）顶板岩性简介

顶板由伪顶、直接顶、基本顶组成，厚度及组成成分如下：

① 伪顶为 0～1.5 m 厚的炭质泥岩，结构不稳定，随采随落。

② 直接顶为 2.5 m 厚的砂质泥岩、泥岩，该岩裂隙发育，底部含黄铁矿，具滑面。

③ 基本顶由粉砂岩、中砂岩组成，厚度为 19.5 m。厚层状层理，具斜层理，裂隙发育，局部中夹二₂煤，如图 9-35 所示。

（4）地质构造情况简介

该工作面中部存在一条三维地震勘探断层 DF_5（走向：北偏西 19°，倾角：75°，落差 7 m），距 1 号压裂高位钻场平距为 110 m、2 号压裂高位钻场平距为 10 m，预计 1 号钻场压裂时不会造成影响，2 号钻场压裂后应当加强压裂后瞬变电磁试验布点，对压裂水流的流向及分布做出明确判断。地质构造分布如图 9-36 所示。

9.4.2 钻场与压裂孔布置

该工作面压裂钻孔布置在 14230 上巷距专回联巷口 48 m、145 m 处的高位钻场内。钻孔开口要求距离煤层 1.0～2.0 m 高度内，顺顶板垂直巷道中心线向下巷方向钻进，施工一个孔径 94 mm、深度 100 m 的压裂钻孔（图 9-37）。

9.4.3 压裂情况说明

14230 外侧 1 号压裂钻场压裂过程中，压力一直维持在 16 MPa，共压 3 h，压入水量约 120 m³。上巷联巷口往内 20 m 范围内顶板及帮淋水掉小块矸，钻场口 3 m 范围内淋水，漏水不超过 2 m³，其他点无异常。

地层单位		代号	层厚/m	累厚/m	柱　状 1：100	岩性名称	岩　性　描　述
统	组						
下二叠统	山西组	P_1'	9.68	9.68		粉砂岩	深灰色，厚层状，中夹薄层中砂岩及砂质泥岩，微波状层理（sd）
			9.56	19.24		中砂岩	细—中粒块状，深灰色以石英及暗色矿物为主，含黄铁矿结核、泥质团块少量（sd）
			2.3	21.54		泥岩	灰黑色，裂隙发育，底含黄铁矿结核，具滑面，底部为炭质泥岩，不稳定
			0~9.5 / 3.5	25.04		二₁煤	灰黑色粉末状，以亮煤为主，暗煤次之，为半亮型，含黄铁矿结核，大小为0.07~0.08 m
			4.2	29.14		砂质泥岩	深灰色，含白云母片及炭质、黄铁矿结核和植物化石碎片，具水平及缓波状层理，底部为砂质泥岩、粉砂岩互层，黑白相间为二₁煤直接底板
上石炭统	太原群	C3	3.5	32.64		泥岩	深灰色，灰黑色，具水平波状层理
			1.8	34.44		泥岩	深灰色，具水平波状层理，顶部含薄煤层（一₈煤），含黄铁矿结核，较稳定
			4.3	38.74		硅质泥岩	灰黑色，坚硬，致密，节理发育，俗称"铁里石"。全井田稳定发育，为本矿区主要标志层之一

图 9-35　14230 工作面顶板预测柱状图

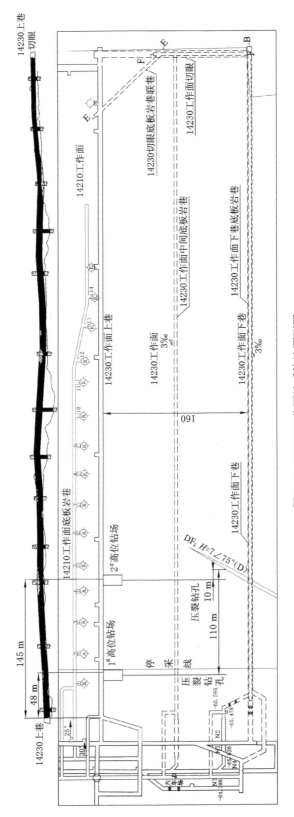

图 9-36 14230 工作面地质构造预测图

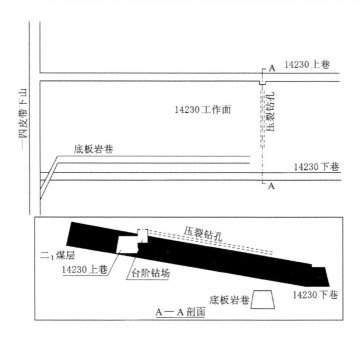

图 9-37　14230 上巷压裂钻场钻孔布置示意图

9.4.4　瞬变电磁测试结果与分析

为了更好地分析水力压裂影响的范围及分布特征,项目组成员对 14230 上巷 1 号和 2 号压裂钻场水力压裂前后煤层和顶板的含水率进行了测定,并分析高压水走向。在 1 号钻场往外(上巷联络巷)45 m 处开始向切眼方向,每 10 m 一个测点,测过 2 号钻场向内(切眼方向)100 m,总测长度 220 m。测定结果详见图 9-38 至图 9-41。

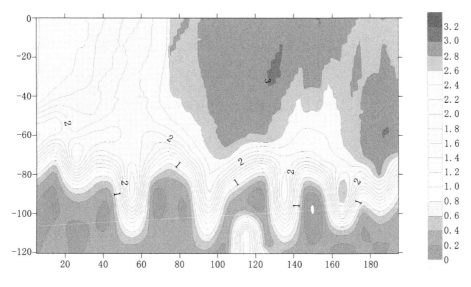

图 9-38　14230 压裂前煤层含水率图

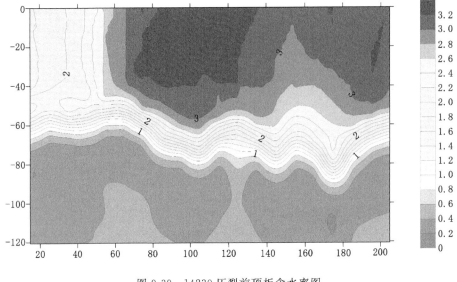

图 9-39　14230 压裂前顶板含水率图

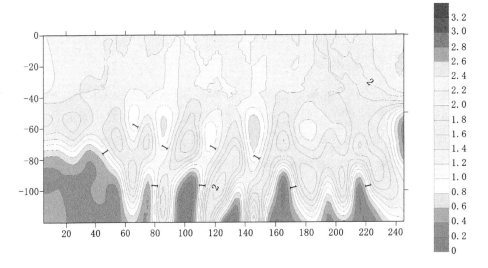

图 9-40　14230 压裂后煤层含水率图

压裂前：从图 9-38、图 9-39 可看出压裂前顶板与煤层含水率赋存规律大致相同，不同的是相应煤层含水率分布略显离散，这与顶板和煤层的岩性有关，顶板致密且分布较均匀，煤层内部裂隙发育较多样有关。同时，两图对比可发现，1 号压裂钻场附近的煤层和顶板的含水率远小于 2 号压裂钻场附近的煤层和顶板的含水率，产生这种现象的原因，结合现场打钻情况可知。钻孔施工均为水打，2 号钻场钻孔打钻过程中钻场周边多处出水，裂隙非常发育。瞬变电磁仪器测试结果与实际情况吻合。

压裂后：1 号钻场压裂后，从瞬变电磁仪器测定结果看，1 号钻周边煤层与顶板含水率均有所增加，含水率发展方向为 14230 上巷向下巷推进。1 号钻场内钻孔在 45 m 位置，但在图 5-7 可看到沿钻孔 60 m 处水平 40 m 处有明显含水率增大区域，可推测，由于钻孔较长，

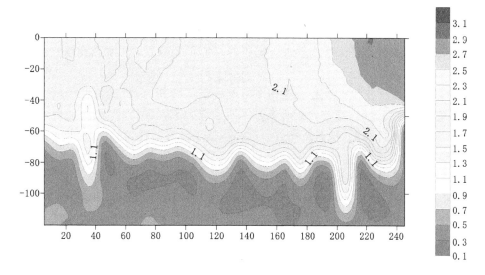

图 9-41　14230 压裂后顶板含水率图

打钻过程中钻孔水平方向上向右(上巷联巷方向)有所偏移所致,而钻孔深部(水平约 40 m,孔长约 60 m)有含水率极低区域,可见压力水在此区域遇到阻挡,无法压裂此处区域,而从含水率等值线可看出,压力水无法向前运移后,向 0 点方向(上巷联巷方向)运移。这也可解释现场观测在上巷联巷口往内 20 m 范围内顶板及帮淋水掉小块碴,钻场口 3 m 范围内淋水的现象。整体来看,压力水在顶板内运移较为简单,整体往 14230 下巷运移,当运移受到阻力过大时,向上巷联巷运移。

压裂后煤层含水率变化较为复杂,首先 1 号压裂钻场对应区域煤层含水率整体有所增加,但从图上显示,含水率分布不均匀,这与煤层本身性质有关。从影响范围来看,水平(径向)方向约 40 m,纵向(钻孔深度)方向由于分布不均匀,最长约达 110 m,短的区域仅 60 m 左右。由此可知,压裂区域的定向问题同样是压裂效果好坏的重要依据。

9.5　本章小结

结合目前高瓦斯低透气性突出煤层瓦斯治理特点,针对水力压裂治理瓦斯优势,在系统分析水力压裂技术研究现状的基础上,围绕顶板水力压裂存在的问题,揭示了顶板水力压裂卸压增透机理,探讨了顶板水力压裂治理瓦斯技术工艺,选型配套了井下水力压裂设备,研究制定了井下水力压裂方案与施工组织体系,并在新安煤矿 14170 工作面、14200 工作面、14230 工作面等三个地点开展了顶板水力压裂现场试验也应用。得出以下结论:

(1) 利用煤岩体典型应力—应变曲线,对煤岩体水力压裂适用性进行了定性分析,在现有技术条件下,原生结构煤、碎裂煤较为适合本煤层压裂;碎粒煤、糜棱煤本煤层压裂效果差,尤其对于糜棱煤已很难通过压裂达到卸压增透效果,可采用顶底板压裂的工艺间接实现糜棱煤瓦斯治理。

(2) 对顶板水力压裂钻孔起裂机理及裂隙扩展延伸机理进行了分析,建立了煤岩体钻孔水力压裂力学数学模型,阐明了钻孔致裂及裂隙扩展延伸的力学条件,指出若发生原一级弱面的扩展延伸,有效注水必须克服原岩应力和裂隙弱面处抗拉强度的综合作用,并进一步分析阐述了次级弱面分别在原一级弱面空间边缘端部以及沿原一级弱面充水空间壁面上发生起裂的力学机制。

(3)对顶板水力压裂卸压增透治理瓦斯机制进行了分析,分析认为高压水力致裂作用下,煤岩体发生变形和破裂,打破含瓦斯煤岩体原始应力和瓦斯赋存状态,使得煤层中局部区域地应力和瓦斯压力降低,给瓦斯释放和运移创造了良好条件,在防治煤与瓦斯突出方面起到了卸压增透的作用。

(4)结合煤矿采掘工程部署,有针对性的研究制定了顶板穿层钻孔煤岩体水力压裂、顶板顺层深孔水力压裂、顶板多分支钻孔水力压裂等3种顶板水力压裂治理瓦斯技术方案;另外,从提高卸压增透和保持压裂效果的角度出发,分别阐述了导向孔控制压裂和重复压裂2种顶板优化压裂工艺。

(5)根据煤矿井下水力压裂特点和需要,结合煤矿采掘工程部署,选型配套了顶板水力压裂设备,压裂泵橇具有压力高、排量大,多级流量、压力可调,实施监测工况参数等功能,最大应用压力可达50 MPa,最大流量可达1 200 L/min,可以满足不同煤层压裂工艺需要。

(6)研究制定了井下水力压裂工艺与施工组织体系,为井下水力压裂技术现场实验科学合理的开展和实施提供了参考和依据,尤其严格制定了安全防护措施,有力保证了水力压裂技术的安全实施。

(7)在新安煤矿14200和14230工作面,开展了基于瞬变电磁探测原理的顶板水力压裂效果测试研究,监测试验结果表明:水力压裂影响范围具有不均匀性,最小影响距离60 m,最大影响距离可达110 m,利用瞬变电磁探测技术分析压裂效果在技术上是可行的。分析认为压裂产生的裂隙方位和长度既与煤岩体发育特征有关,还受应力场和压裂规模的控制,如若实现整体均匀压裂,应加强钻孔定向控制压裂研究。

(8)新安煤矿14170、14200、14230三个工作面现场顶板水力压裂试验过程中最高施工压力23 MPa、最大注水量120 m³,压裂影响范围内巷道及瓦斯涌出均无出现明显变形和异常,说明顶板水力压裂既不会对采掘工程造成破坏,也不会因此瓦斯超限。

(9)新安煤矿14170工作面顶板水力压裂增透后,瓦斯浓度普遍提高至70%,最高到85%;单孔瓦斯流量1.5月时间内平均每天瓦斯抽采量500 m³以上,最高达1 200 m³/d;测试的煤与瓦斯突出危险性校检指标Δh_2、q、S值都有不同程度降低,最大降幅达50%,显著降低了瓦斯突出的危险性,起到了理想的应用效果。

(10)新安煤矿14200工作面顶板试验结果表明压裂范围跟压力、压裂时长、注水量存在如下关系:当压裂压力达到20 MPa左右时,保证压裂时长4 h左右,注水量约100 m³时,压裂钻孔影响范围约为80 m;顶板压裂技术受地质条件约束,在顶板裂隙较发育区域,压裂水会沿着裂隙方向发展;如果裂隙与空洞或采空区相连时,将出现泄压和漏压,难以起到较好压裂效果。

(11)压裂钻孔封孔效果是保证压裂成功率的关键,现有的封孔工艺试验过程中还不尽完善,应考虑更为可靠的封孔材料和工艺,以便提高压裂钻孔"保压"和抽采效果。

10 结论与展望

10.1 主要结论

本书通过"二次成型"法成功制作了两种典型的原煤样—原生结构煤及构造软煤,并使用自行设计、改装的高压水载荷下瓦斯渗流实验装置对两种典型煤样高压水载荷下的破裂过程进行了模拟实验,得出了两种原煤煤样的裂隙产生、扩张、衍生及发展随水压加载时间的变化规律;考察了煤样破裂的水压临界条件;得出两种原煤煤样在高压水加载前后的渗透特性变化规律,并据此论证了不同类型煤体采取水力压裂措施进行卸压增透的可行性;利用该实验装置对"可压煤体"高压水载荷下的裂隙扩展、延伸方向与所加载最大主应力的关系进行了实验研究,得出了裂缝扩展延伸与最大主应力方向间的关系;针对两个试验矿井编制了钻孔水力压裂方案,通过工程实践验证了"硬煤可压、软煤不可压"这一结论。得出的主要结论如下:

(1) 对同一个矿井的煤样而言,其孔隙率(K_1)随着普氏系数(f)值的增加而呈现增大的趋势。不同类型的煤体所处的地质条件不同造成了其孔隙率随 f 值增大的增幅也有很大的差异。

(2) 尽管松软易破碎煤体煤样制作较难,但采用"二次成型法"可以成功制作。煤的硬度越大其原煤煤样试件的制作成功率越高,反之越低。(3) 硬度较大的煤样在高压水加载过程中经历了压裂—多次压裂—完全破裂的过程,最终试件被完全压裂,内部裂隙得到充分扩张、衍生,形成贯通裂隙网;而硬度较小的煤样在高压水加载过程中却经历压裂—压实—闭合的过程,最后煤样被高压水逐步压实,高压水最终没能够使煤体内部的裂隙网络展开。

(4) 水力压力后,对硬度较大的煤而言,高压水有利于增加煤样的渗透率,进而提高煤体的透气性;相反,硬度较小的软煤在高压水加载下渗透率反而降低。

(5) 并不是所有的煤层都适合采用水力压裂措施进行卸压增透。

10.2 展望

(1) 本书涉及的两种典型煤样"硬煤"及"软煤"两个概念是相对而言的,煤的软硬程度没有用具体的指标来量化,只进行了简单的定性分析,选取的具有代表性两类煤样的硬度差别较大。下一步将考虑用煤的普氏系数来量化煤的软硬程度做更深一步的研究,对于采用"二次成型法"较难制成的Ⅳ、Ⅴ类全粉煤原煤样可采用"液氮冷冻法"来完成。

(2) 对煤质坚硬的煤体进行高压注水能使其发生脆性变形,内部裂隙得到充分扩张、衍生,形成贯通裂隙网,有效孔隙度增加,煤的渗透率较压裂前大幅提高。该技术措施可以提高煤层的透气性系数,进而提高瓦斯抽放效果,但是裂隙在围压作用下何时重新闭合,压裂作用失效时间长短还有待于进一步研究。

(3) 水力压裂作为一项卸压增透技术措施目前在我国很多矿区得到了应用,尽管在一些矿区取得了不错的瓦斯抽放效果,但是对松软煤层而言效果欠佳,大多数的研究者与现场工程技术人员逐渐意识到该技术措施其对松软煤层不具适用性,"硬煤可压,软煤不可压"的水力压裂理念逐渐得到了共识。但是,我国大部分低透气性矿区的煤质都比较松软,因而该技术措施不具有广泛的应用性。针对这一难题,本书提出了"松软煤层坚硬顶板压裂"这一转移压裂对象的水力压裂理念并在淮北矿区临焕煤矿及义煤集团新安煤矿进行了现场应用,取得了较好的效果。

假如松软煤层的顶板亦相对破碎(比如在河南矿区二$_1$煤层顶板大多为泥岩),转移压裂对象这一措施也会失效,这是否意味水力压裂措施在此种地质条件下手足无措?

目前,现场工程技术人员研究提出了"硬煤压透,软煤压穿"的水力压裂思路,即针对松软煤层采取水力压裂与水力冲孔相结合共同克服煤层及其顶板松软不宜压裂这一难题。在松软煤层压裂孔一定半径范围内钻进"导向孔",松软煤体在高压水的作用下会沿着导向孔压穿、压出,从而在压裂孔与导向孔之间形成瓦斯的流通卸压通道,压裂完成后可将压裂孔与导向孔连接瓦斯抽放管路进行抽放,进而提高瓦斯的抽放效果,达到低透气性煤层卸压增透的目的,该措施已在重庆松藻矿区取得了一定的效果。因此,针对我国许多矿区煤层及其顶板松软不宜采取水力压裂作为增透措施这一难题,"硬煤压透,软煤压穿"的水力压裂将会推广开来。

参 考 文 献

[1] 王显政.煤矿安全新技术[M].北京:煤炭工业出版社社,2002.

[2] 国家自然科学基金委员会中国科学院能源科学学科发展战略研究组.2011～2020 年我国能源科学学科发展战略报告[R].[s. l.]:[s. n.],2010.

[3] 彭苏萍.深部煤炭资源赋存规律与开发地质评价研究现状及今后发展趋势[J].煤, 2008,17(2):1-12.

[4] 张泓,夏宇靖,张群,等.深层煤矿床开采地质条件及其综合探测现状与问题[J].煤 田地质与勘探,2009,37(1):1-12.

[5] CAROL J BIBLER, JAMES S. MARSHALL, RAYMOND C. Pilcher. Status of World Wide Coal Mine Methane Emissions and Use[J]. International Journal of Coal Geology, 1998(35):283-310.

[6] 张群,冯三利,杨锡禄.试论我国煤层气的基本储层特点及开发策略[J].煤炭学报, 2001,26(3):230-235.

[7] 杜春志,茅献彪,卜万奎.水力压裂时煤层缝裂的扩展分析[J].采矿与安全工程学 报,2008,25(2):231-238.

[8] 单学军,张士诚,张遂安,等.华北地区煤层气井压裂裂缝监测及其扩展规律[J].煤 田地质与勘探,2005,33(5):25-28.

[9] 牛立军,谷海林,刘德山.压裂井开发煤层气技术及其应用[J].煤炭技术,2007,26 (9):112-113.

[10] SADIQ J. ZARROUK, TIM A. Moore. preliminary reservoir model of en-hanced coalbed methane（ECBM）in a subbituminous coal seam, huntly coalfield, New Zealand[J]. International Journal of Coal Geology,2009(77): 153-161.

[11] 刘俊杰,乔德清.对我国煤矿瓦斯事故的思考[J].煤炭学报,2006,31(1):58-62.

[12] 冯增朝.低渗透煤层瓦斯抽放理论理论与应用研究[D].太原:太原理工大 学,2009.

[13] 袁亮.松软低透气性煤层群瓦斯抽采理论与技术[M].北京:煤炭工业出版 社,2004.

[14] 马丕梁.煤矿瓦斯灾害防治技术手册[M].北京:化学工业出版社,2007.

[15] RICE D D. Composition and origins of coalbed gas[M]. LAW Ben E, Rice D D. hydrocarbons from coal. A A PG studies in Geology series 38. Tulsa, Oklaho-ma,USA:AAPG,1993:159-184.

[16] 中华人民共和国煤炭工业部.防治煤与瓦斯突出规定[M].北京:煤炭工业出版

社,2009.

[17] 吕有厂.水力压裂技术在高瓦斯低透气性矿井中的应用[J].重庆大学学报,2010, 33(1):102-105.

[18] 姚尚文.高瓦斯低透气性煤层强化增透抽放瓦斯技术研究[D].淮南:安徽理工大学,2005:51-52.

[19] 吴晓东,席长丰,王国强.煤层气井复杂水力压裂裂缝模型研究[J].天然气工业, 2006(12):124-126.

[20] 赵阳升,杨栋,胡耀青,等.低渗透煤储层气开采有效技术途径的研究[J].煤炭学报,2001,26(5):455-458.

[21] 姚尚文.高瓦斯低透气性煤层强化增透抽放瓦斯技术研究[D].淮南:安徽理工大学,2005.

[22] 姜瑞忠,蒋廷学,汪永利.水力压裂技术的近期发展及展望[J].石油钻采工艺, 2004,26(4):52-56.

[23] 孙炳兴,王兆丰,伍厚荣.水力压裂增透技术在瓦斯抽采中的应用[J].煤炭科学技术,2010,38(11):78-90.

[24] 陈留武,杨国和,黄春明,等.水力压裂孔提高松软低透气性煤层瓦斯抽放效果 [J].矿业安全与环保,2009,36(S1):109-110.

[25] 王瀚.水力压裂垂直裂缝形态及缝高控制数值模拟研究[D].合肥:中国科学技术大学,2013.

[26] 张国华,梁冰.煤岩渗透率与煤与瓦斯突出关系理论探讨[J].辽宁工程技术大学学报,2002,21(4):414-417.

[27] BRUMLEY J L,ABASS H H. hydraulic fracturing of deviated wells:interpretation of breakdown and initial fracture opening pressure[C]. SPE Eastern Regional Meeting,October 23-25,1996,Columbus,Ohio,USA. [s. l.]:Society of Petroleum Engineers,Inc,1996:37363~ms.

[28] WEIJERS L,GRIFFIN L G,SU-YAM H,et al. Taka-da:K. K. Chong,J. M. Terracina,and C. A. Wright. The First Successful Fracture Treatment Campmgn Conducted in Japan:Stimulation Challenges in a Deep Naturally Fractured Volcanic Rock. SPE 77678,2002.

[29] 米卡尔 J. 埃克诺米德斯,肯尼斯 G. 诺尔特. 油藏增产措施(第三版)[M]. 张保平,等,译. 北京:石油工业出版社,2002.

[30] 姜光杰,孙明闯,付江伟.煤矿井下定向压裂增透消突成套技术研究及应用[J].中国煤炭,2009,35(11):10-14.

[31] 马小涛,李智勇,屠洪盛,等.高瓦斯低透气性煤层深孔爆破增透技术[J].煤矿开采,2010,15(1):92-97.

[32] 顾德祥.低透气性突出煤层强化增透瓦斯抽采技术研究[D].淮南:安徽理工大学,2009.

[33] 董钢锋,林府进.高压水射流扩孔提高穿层钻孔预抽效果的试验[J].矿业安全与环保,2001,28(3):17-18.

［34］段康廉,冯增朝,赵阳升,等.低渗透煤层钻孔与水力割缝瓦斯排放的实验研究
［J］.煤炭学报,2002,27(1):50-53.

［35］龚敏,刘万波,王德胜,等.提高煤矿瓦斯抽放效果的控制爆破技术［J］.北京科技
大学学报,2006,28(3):223-226.

［36］张春华,刘泽功,王佰顺,等.高压注水与试验研究煤层力学特性演化数值模拟
［J］.岩石力学与工程学报,2009,28(增刊2):3371-3375.

［37］于不凡.煤矿瓦斯灾害防治及利用技术手册［M］.北京:煤炭工业出版社,2005.

［38］郭红玉.基于水力压裂的煤矿井下瓦斯抽采理论与技术［D］.焦作:河南理工大
学,2010.

［39］张广明.水平井水力压裂数值模拟研究［D］.合肥:中国科学技术大学,2010.

［40］SADIQ J. ZARROUK, TIN A. MOORE. Preliminary reservoir model of en-
hanced coalbed methane (ECBM) in a subbituminous coal seam, huntly
Coalfield,New Zealand［J］. International Journal of Coal Geology,2009,77(1-
2):153-161.

［41］LIU J C, WANG H T, YUAN Z G, et al. Experimental study of pre-splitting
blasting enhancing pre-drainage rate of low permeability heading face［C］. Pro-
ceeding of the First International Symposium on Mine Safety Science and Engi-
neering. Beijing,2011:818-823.

［42］谭波,何杰山,潘凤龙.深孔预裂爆破在低透性高突煤层中的应用与分析［J］.中国
安全科学学报,2011,21(11):72-78.

［43］PAULD. GAMSON, BASIL BEAMISHB, DAVID P JOHNSON. Coal micro-
structure and micropermeability and their effects on natural gas recovery［J］.
Fuel,1993(72):87-99.

［44］STEVE ZOU D H, CHUXIN YU,Xuefu Xian. dynamic nature of coal permea-
bility ahead of a longwall face［J］. International Journal of Rock mechanics and
mining sciences. 1999(36):693-699.

［45］WANG LIANG, CHENG YUAN-PING, LI FENG-RONG,et al. Fracture evo-
lution and pressure relief gas drainage from distant protected coal seams under
an extremely thick key stratum［J］. China University mining & Technology,
2008,18(2):182-186.

［46］胡国忠,王宏图,李晓红,等.急倾斜俯伪斜上保护层开采的卸压瓦斯抽采优化设
计［J］.煤炭学报,2009,34(1):9-14.

［47］LIU LIN, CHENG YUANPING, WANG HAIFENG, et al. Principle and engi-
neering application of pressure relief gas drainage in low permeability outburst
coal seam［J］. Mining Science and Technology,2009,19(3):342-345.

［48］石必明,愈启香,周世宁.保护层开采远距离煤岩破裂变形数值模拟［J］.中国矿业
大学学报,2004,33(3):259-263.

［49］田坤云,孙文标,魏二剑.上保护层开采保护范围确定及数值模拟［J］.辽宁工程技
术大学学报,2013,32(1):7-13.

[50] 魏二剑,田坤云,张群.近距离保护层开采对被保护层防突效果分析[J].煤炭技术,2010(4):80-83.

[51] 刘健.低透气煤层深孔预裂爆破增透技术研究及应用[D].淮南:安徽理工大学,2008.

[52] 冯远刚,马小涛,惠常德.高瓦斯低透气性煤层深孔爆破增透技术研究[J].山东煤炭科技,2010(1):1-2.

[53] 齐庆新,雷毅,李宏艳,等.深孔断顶爆破防治冲击地压的理论与实践[J].岩石力学与工程学报,2007,26(增1):3522-3527.

[54] 龚敏,王德胜,黄毅华,等.突出煤层深孔控制爆破时控制孔的作用[J].爆炸与冲击,2008,28(4):310-314.

[55] 林柏泉.深孔控制卸压爆破及其防突作用机理的实验研究[J].阜新矿业学院学报,1995,14(3):16-21.

[56] 林柏泉,吕有厂,李宝玉,等.高压磨料射流割缝技术及其在防突工程中的应用[J].煤炭学报,2007,32(9):959-963.

[57] 李德玉,吴海进,王春利.煤层水力割缝喷嘴特性的数值研究[J].煤炭学报,2010,35(4):687-689.

[58] 刘建新,李志强,李三好.煤巷掘进工作面水力挤出措施防突机理[J].煤炭学报,2010,35(4):183-186.

[59] 刘明举,潘辉,李拥军,等.煤巷水力挤出防突措施的研究与应用[J].煤炭学报,2007,32(2):168-171.

[60] 王新新,石必明,穆朝民.水力冲孔煤层瓦斯分区排放的形成机理研究[J].煤炭学报,2012,37(3):468-472.

[61] 刘万伦.水力冲刷防突技术在突出煤层掘进工作面的应用[J].矿业安全与环保,2004,31(4):64-65.

[62] 张磊,梁冰.煤层注水中的水渗流规律及参数确定[J].辽宁工程技术大学学报,2009,28(4):243-245.

[63] 张永吉,李占德.煤层注水技术[M].北京:煤炭工业出版社,2001.

[64] 李均强.低渗透油气藏清水压裂机理研究[J].重庆科技学院学报,2012,12(5):49-51.

[65] 王素兵.清水压裂工艺技术综述[J].天然气勘探与开发,2005,28(4):39-42.

[66] 田东恩.地质工程方法确定压裂裂缝形态[J].钻采工艺,2003,26(1):39-41.

[67] 乔继彤,张若京,姚飞.水力压裂的支撑剂输送分析[J].工程力学,2000,17(5):81-86.

[69] WALSH J B. Effect of pore pressure and confining pressure on fracture permeability,Int. [J]. JRock Mech. & Min. Sci,1981(18):429-435.

[70] BOONE T J,et al. A numerical Procedure for simulation of Hydralically-driven fracture propagation in poroelastic media[J]. Int. J. Num. and Anal. Methods Geomech,1990(14):27-47.

[71] 王凤江,单文文.低渗透率气藏水力压裂研究[J].天然气工业,1999,19(3):

61-63.

[72] FERNANDEZ L. Random and dendritic patters in crack propagation[J]. J. Phys. A. Math. Gen. ,1989(21):301-305.

[73] MOHAMED SOLIMAN. Use of oriented perforation and new gun system optimizes fracturing of high permeability, unconsolidated formations[R]. New York:SPE53793,1999.

[74] STADULIS L M. Development of completion design to screenouts caused by multiple near wellbore fractures[R]. New York:SPE29549,1995.

[75] 周军民.水力压裂增透技术在突出煤层中的试验[J].中国煤层气,2009,6(4):34-39.

[76] 刘洪,符兆荣,黄桢,等.水力压裂力学机理新探索[J].钻采工艺,2006,29(3):37-40.

[77] 冯增朝.低渗透煤层瓦斯抽放理论与应用研究[D].太原:太原理工大学,2005.

[78] 郑吉玉,田坤云,张红卫.水力压裂增透防突措施应用[J].能源技术与管理,2012(1):38-39.

[79] 李全贵,翟成,林柏泉,等.定向水力压裂技术研究与应用[J].西安科技大学学报,2011,36(6):735-738.

[80] 杜涛涛,窦林名,陆菜平,等.定向水力致裂坚硬顶板的现场试验研究[J].煤炭工程,2009(12):73-75.

[81] 李同林.煤岩层水力压裂造缝机理分析[J].天然气工业,1997,17(6):53-56.

[82] POULTON M M, Scale invariant behaviour of Massive and Fragmented rock [J]. Int. J. Rock, Mech. And Minn. Sci. & Geomech. Abstr, 1990, 27(3):219-221.

[83] AVILES C A, et al. Fractal analysis applied to characteristic segments of the San Andressfault[J]. J. Geophys, Res. ,1986,91(4):25-30.

[84] 郭大立,纪禄军,赵金洲,等.煤层压裂裂缝三维延伸模拟及产量预测研究[J].应用数学和力学,2001,22(4):28-32.

[85] 吴继周,曲德斌.水力压裂裂缝几何形态的数值模拟及影响因素分析[J].大庆石油地质与开发,1990,9(4):64-70.

[86] 许江,鲜学福.含瓦斯煤的力学特性的实验分析[J].重庆大学学报,1993,16(5):27-32.

[87] 杜伊芳.国外水力压裂工艺技术现状和发展[J].西安石油学院学报,1994,9(2):27-30.

[88] RUMMEL F. Fracture Mechamles Approach of Hydraulic Fracturing Stress Measurements[J]. Fracture Mechanics of Rock,1995(2):217-240.

[89] 陈瑜芳,张祖峰,刘进文.低渗透油藏重复压裂机理研究及运用[J].西部探矿工程,2010(3):79-82.

[90] 程远方,王桂华,王瑞和,等.水平井水力压裂增产技术中的岩石力学问题[J].岩石力学与工程学报,2004,23(14):2463-2467.

[91] 申晋,赵阳升.低渗透煤岩体水力压裂的数值模型[J].煤炭学报,1997,22(6): 580-585.

[92] 宫伟东.两种原煤样瓦斯渗透特性与承载应力变化动态关系的实验研究[D].焦作:河南理工大学,2013.

[93] 李祥春,聂百胜,刘芳彬,等.三轴应力作用下煤体渗流规律实验[J].地质勘探, 2010,30(6):19-21.

[94] 黄启翔,尹光志,姜永东,等.型煤试件在应力场中的瓦斯渗流特性分析[J].重庆大学学报,2008,31(12):1437-1440.

[95] 袁梅,李波波,许江,等.不同瓦斯压力条件下含瓦斯煤的渗透性实验研究[J].煤矿安全,2011,42(3):1-4.

[96] 尹光志,蒋长宝,王维忠,等.不同卸围压速度对含瓦斯煤岩力学和瓦斯渗流特性影响试验研究[J].岩石力学与工程学报,2011,30(1):68-77.

[97] 曹树刚,李勇,郭平,等.型煤与原煤全应力—应变过程渗流特性对比研究[J].岩石力学与工程学报,2010,29(5):899-906.

[98] 余楚新,鲜学福.煤层瓦斯流动理论及渗流控制方程的研究[J].重庆大学学报, 1989(5):1-9.

[99] 高魁,刘泽功,刘健.两种含瓦斯煤样的渗透率对比试验研究[J].煤炭科学技术, 2011,39(8):58-59.

[100] 李晓泉,尹光志,蔡波.循环载荷下突出煤样的变形和渗透特性试验研究[J].岩石力学与工程学报,2010,29(增2):3498-3504.

[101] 冯子军,万志军,赵阳升,等.高温三轴应力下无烟煤、气煤煤体渗透特性的试验研究[J].岩石力学与工程学报,2010,29(4):689-696.

[102] 胡雄,梁为,侯厶靖,等.温度与应力对原煤、型煤渗透特性影响的试验研究[J].岩石力学与工程学报,2012,31(6):1222-1229.

[103] 徐刚,彭苏萍,邓绪彪.煤层气井水力压裂压力曲线分析模型及应用[J].中国矿业大学学报,2011,40(2):173-178.

[104] 张国华.本煤层水力压裂致裂机理及裂隙发展过程研究[D].阜新:辽宁工程技术大学,2004.

[105] 翟成,李贤忠,李全贵.煤层脉动水力压裂卸压增透技术研究与应用[J].煤炭学报,2011,36(12):1996-2000.

[106] 李晓红,卢义玉,赵瑜,等.高压脉冲水射流提高松软煤层透气性的研究[J].煤炭学报,2008,33(12):1386-1390.

[107] 于警伟,史宗保.煤层注水在防治煤与瓦斯突出中的应用[J].中州煤炭,2008,16 (1):71-72.

[108] 赵振保.变频脉冲式煤层注水技术研究[J].采矿与安全工程学报,2008,25(4): 487-489.

[109] 冷雪峰,唐春安,杨天鸿,等.岩石水压致裂过程的数值模拟分析[J].东北大学学报:自然科学版,2002,23(11):1104-1107.

[110] 姜文忠,张春梅,姜勇,等.水压致裂作用对岩石渗透率影响数值模拟[J].辽宁工

程技术大学学报(自然科学版),2009,28(5):693-696.

[111] 刘明举,何学秋.煤层透气性系数的优化计算方法[J].煤炭学报,2004,29(1):74-77.

[112] 陶云奇,许江,程明俊,等.含瓦斯煤渗流率理论分析与试验研究[J].岩石力学与工程学报,2009,28(增2):3363-3370.

[113] 中国矿业学院瓦斯组.煤和瓦斯突出的防治[M].北京:煤炭工业出版社,1979:28-69.

[114] 焦作矿业学院瓦斯地质研究室.瓦斯地质概论[M].北京:煤炭工业出版社,1990:30-95.

[115] 张子敏.瓦斯地质学[M].徐州:中国矿业大学出版社,2009.

[116] 王恩营,殷秋朝.构造煤的研究现状与发展趋势[J].河南理工大学学报(自然科学版),2008,27(3):278-281.

[117] 郭德勇,韩德馨,张建国.平顶山矿区构造煤分布规律及成因研究[J].煤炭学报,2002,27(3):249-253.

[118] 琚宜文,姜波,王桂梁,等.构造煤结构及储层物性[M].徐州:中国矿业大学出版社,2005.

[119] 郭德勇,韩德馨,冯志亮.围压下构造煤的孔隙度和渗透率特征实验研究[J].煤田地质与勘探,1998,26(4):31-34.

[120] 赵旭生,胡千庭,邹银辉,等.深部煤体煤的坚固性系数快速测定原理及其应用[J].煤炭学报,2007,32(1):38-41.

[121] 何明华,王珍,袁梅,等.煤的坚固性系数对瓦斯运移的影响[J].煤矿安全,2012,43(11):5-8.

[122] 尚显光.瓦斯放散初速度影响因素实验研究[D].焦作:河南理工大学,2011.

[123] 郑迎春,宋聪聪.WT-1型瓦斯放散初速度测定仪的应用[J].中国新技术新产品,2011(17):7.

[124] 潘红宇,李树刚,李志梁,等.瓦斯放散初速度影响因素实验研究[J].煤矿安全,2013,44(6):15-17.

[125] 陶云奇,许江,彭守建,等.含瓦斯煤孔隙率和有效应力影响因素试验研究[J].岩土力学,2010,31(11):3418-3422.

[126] 李祥春,郭勇义,吴世跃,等.煤吸附膨胀变形与孔隙率、渗透率关系的分析[J].太原理工大学学报,2005,36(3):264-266.

[127] 袁梅,何明华,王珍,等.含坚固性系数的应力—温度场中瓦斯渗流耦合模型初探[J].煤炭技术,2012,31(7):214-216.

[128] 何明华,王珍,袁梅,等.煤的坚固性系数对瓦斯运移的影响[J].煤矿安全,2012,43(11):5-8.

[129] 梁红侠.淮南煤田煤的孔隙特征研究[D].淮南:安徽理工大学,2011.

[130] 胡雄,梁为,侯厶靖,等.温度与应力对原煤、型煤渗透特性影响的试验研究[J].岩石力学与工程学报,2012,31(6):1222-1229.

[131] 高魁,刘泽功,刘健.两种含瓦斯煤样的渗透率对比试验研究[J].煤炭科学技术,

2011,39(8):58-59.

[132] 尹光志,李小双,赵洪宝,等.瓦斯压力对突出煤瓦斯渗流影响试验研究[J].岩石力学与工程学报,2009,28(4):698-702.

[133] 胡国忠,王宏图,范晓刚,等.低渗透突出煤的瓦斯渗流规律研究[J].岩石力学与工程学报,2009,28(12):2528-2534.

[134] 魏建平,王登科,位乐.两种典型受载含瓦斯煤样渗透性的对比[J].煤炭学报,2013,38(4):93-98.

[135] 宫伟东.两种原煤样瓦斯渗透特性与承载应力变化动态关系的实验研究[D].焦作:河南理工大学,2013.

[136] 钱鸣高,刘听成.矿山压力及其控制(修订本)[M].北京:煤炭工业出版社,1991.

[137] 赵文.岩石力学[M].长沙:中南大学出版社,2010.

[138] 康红普.煤矿井下应力场类型及相互作用分析[J].煤炭学报,2008,32(12):1329-1335.

[139] 康红普,林健.我国巷道围岩地质力学测试技术新进展[J].煤炭科学技术,2001,29(7):28-30.

[140] 王胜本,张晓.煤矿井下地质构造与地应力的关系[J].煤炭学报,2008,33(7):738-742.

[141] 樊长江,王贤.泊松比岩性预测方法研究[J].石油勘探与开发,2006,33(3):299-302.

[142] 刘登峰.煤层气井压裂施工资料反演岩石力学参数及压后产能预测研究[D].成都:西南石油大学,2006.

[143] 杨宁波,王兆丰.钻孔周围煤体中透气性的变化规律研究[J].煤炭技术,2008,27(12):68-68.

[144] 江丙友,林柏泉,朱传杰,等.钻孔周围煤体中瓦斯流动模型的理论研究[J].煤矿安全,2011,42(7):4-7.

[145] 俞启香.矿井瓦斯防治[M].徐州:中国矿业大学出版社,1992:22-26.

[146] 林柏泉,张仁贵.钻孔周围煤体中瓦斯流动的理论分析[J].煤炭工程师,1996(3):14-18.

[147] 罗万静,王晓冬,李义娟.渗透率的常用确定方法及其相互关系[J].西部探矿工程,2006,117(1):63-65.

[148] 谭学术,鲜学福,张广洋,等.煤的渗透性研究[J].西安矿业学院学报,1994(1):22-25.

[149] 张广洋,胡耀华,姜德义,等.煤的渗透性实验研究[J].贵州工学院学报,1995,24(4):65-68.

[150] 李传亮.油藏工程原理[M].北京:石油工业出版社,2005:63-66.

[151] 蒋明煊.确定渗透率变异系数方法的分析和讨论[J].石油钻采工艺,1996,18(6):89-93.

[152] 宣德全.构造煤应力承载过程中的变形破坏特征实验研究[D].焦作:河南理工大学,2012.

[153] 蔺海晓,杜春志.煤岩拟三轴水力压裂实验研究[J].煤炭学报,2011,36(11):1801-1805.

[154] 赵益忠,曲连忠.不同岩性地层水力压裂裂缝扩展规律的模拟实验[J].中国石油大学学报(自然科学版),2007,31(3):63-66.

[155] 陈勉,庞飞,金衍.大尺度真三轴水力压裂模拟与分析[J].岩石力学与工程学报,2000,19(增):868-872.

[156] 徐芝纶.弹性力学简明教材[M].北京:高等教育出版社,2006:35-38.

[157] 张年学,盛祝平,李晓,等.岩石泊松比与内摩擦角的关系研究[J].岩石与工程力学学报,2007,30(1):2600-2606.

[158] STAGG K G,ZIENKIEWICZOC.工程实用岩石力学[M].成都地质学院工程地质教研室,译.北京:地质出版社,1978.

[159] 孙广忠.岩体结构力学[M].北京:科学出版社,1988.

[160] 张新民,庄军,张遂安.中国煤层气地质与资源评价[M].北京:科学出版社,2002.

[161] 倪小明,苏现波,张小东.煤层气开发地质学[M].北京:化学工业出版社,2009.

[162] 傅雪海,秦勇.多相介质煤层气储层渗透率预测理论与方法[M].徐州:中国矿业大学出版社,2003.

[163] 郭臣业,鲜学福,姜永东,等.破裂砂岩蠕变试验研究[J].岩石力学与工程学报,2010,29(5):990-995.

[164] Daneshy A A. Hydraulic Fracture Propagatition in the Presence of Planes of Weakness[M]. Amsterdam:European Spring Meeting,1974.

[165] POWER D V,SCNUSTER C L,RICHARD HAY. Detection of Hydraulic Fracture Oriention and Dimension in Cased Wells,SPE[M][s. l.]:[s. n.],2007.

[166] 陈治喜.水力压裂机理和力学研究[J].石油勘探开发科学院廊坊分院科研通讯,1997(4):55-60.

[167] 李同林.煤岩力学物理性质及煤层水力压裂造缝机理与裂隙发育特点研究[M].武汉:中国地质大学出版社,1994.

[168] 李志刚,付升龙,乌效鸣,等.煤岩力学特性测试与煤层气水力压裂力学机理研究[J].石油钻探技术,2000,28(3):77-79.

[169] 乌效鸣.煤层气井水力压裂裂缝产状和形态研究[J].探矿工程,1995(6):19-21.

[170] 阳友奎,肖长富,邱贤德,等.水力压裂裂缝形态与缝内压分布[J].重庆大学学报,1995,18(3):20-26.

[171] 杨海波,曹建国,李洪波,等.弹性与塑性力学简明教程[M].北京:清华大学出版社,2011:35-39.

[172] 张平,赵金洲,郭大立,等.水力压裂裂缝三维延伸数值模拟研究[J].石油钻采工艺,1997,19(3):42-46.

[173] HAIMSON B. FAIRHURST C. Initiatio and Extension of Hyhralic Fracture in Rocks[M].[s. l.]:[s. n.],1967.

[174] HAIMSON B，FAAIRHURST C．Hyhralic Fracture in Porous-permeable Materials[J]．J．P．T．，1967，310(s)：811-817．

[175] HUBBERT M K，WILLIS D G，Mechanics of Hydraulic Fracturing．Trans[J]．AIME，1975(210)：153-168．

[176] 杨天鸿，唐春安，朱万成，等．岩石破裂过程渗流与应力耦合分析[J]．岩土工程学报，2001，23(4)：489-493．

[177] 邓广哲，黄炳香，石增武，等．节理脆性煤层水力致裂技术与应用[C]．中国岩石力学与工程学会．中国岩石力学与工程学会第七次学术大会论文集．北京：科学技术出版社，2002：636-638．

[178] 陈勉，庞飞，金衍．大尺寸真三轴水力压裂模拟与分析[J]．岩石力学与工程学报，2000，19(增)：868-872．

[179] GIDLEY J L，HOLDITCH S A，NIERODE D E，et al．Recent advances in hydraulic fracturing[R]．[s. l.]：SPE Monograph，1989．

[180] KING H M，WILLIS D G．Mechanics of hydraulic fracturing[J]．Trans．Am．Inst．Min．Engng．，1995(210)：153-168．

[181] CLIFTON R J，ABOU-SAYED A S．On the Compution of the Three-Dimensional Geometry of Hydraulic Fractures[J]．SPE，2010(794)：25-41．

[182] 陆毅中．工程断裂力学[M]．西安：西安交通大学出版社，1987：68-89．

[183] 郑纲，门玉明，靳德武．水压致裂技术测试底板岩体张开型裂解应力强度因子[J]．煤田地质与勘探，2004，32(1)：43-45．

[184] 陈勉，陈治喜，黄荣樽，等．非均质地层水力压裂研究[J]．东北大学学报(自然科学版)，1994，15(1)：309-312．

[185] 魏锦平，张建平，靳钟铭．裂隙煤体压裂机理的分形研究[J]．矿山压力与顶板管理，2005，22(2)：112-15．

[186] WONG H Y，FARMER I W．Hydro-fracture mechanisms in rock during pressure grouting[J]．Rock Mechanics，1973(5)：21-41．

[187] 陈治喜，陈勉，金衍，等．水力致裂法测定岩石的断裂韧性[J]．岩石力学与工程学报，1997，16(1)：59-64．

[188] ANDERSON G D．Effects of friction on hydraulic fracture growth near unbonded interfaces in Rocks[J]．SPEJ 8347，1981，21(1)：21-29．

[189] 黄荣樽．水压裂缝的起始与扩展[J]．石油勘探与开发，1981(5)：62-73．

[190] 柳贡慧，庞飞，陈治喜．水力压裂模拟试验中的相似准则[J]．石油大学学报(自然科学版)，2000，24(5)：45-48．

[191] 牛之琏．时间域电磁法原理[M]．成都：中南工业大学出版社，1992．

[192] 李貅．瞬变电磁测深的理论与应用[M]．西安：陕西科学技术出版社，2002．

[193] 张保祥，刘春华．瞬变电磁法在地下水勘查中的应用研究综述[J]．地下水，2004，26(2)：129-133．

[194] 郭纯，刘白宙，白登海．地下全空间瞬变电磁技术在煤矿巷道掘进头的连续跟踪超前探测[J]．地震地质，2006，28(3)：457-462．

[195] 程德福.近区磁源瞬变电磁法信号检测技术研究[D].长春:吉林大学,2001.

[196] 于景邨,刘振庆,廖俊杰,等.全空间瞬变电磁法在煤矿防治水中的应用[J].煤炭科学技术,2011,39(9):110-113.

[197] 于景邨,刘志新,刘树才,等.深部采场突水构造矿井瞬变电磁法探查理论及应用[J].煤炭学报,2007,32(8):818-821.

[198] 张军,赵莹,李萍.矿井瞬变电磁法在超前探测中的应用研究[J].工程地球物理学报,2012,9(1):49-53.

[199] 刘志新,刘树才,刘仰光.矿井富水体的瞬变电磁场物理模型实验研究[J].岩石力学与工程学报,2009,28(2):259-266.

[200] 姜志海,岳建华,刘树才.多匝重叠小回线装置形式的矿井瞬变电磁观测系统[J].煤炭学报,2007,32(11):1152-1156.

[201] 嵇艳鞠,林君.瞬变电磁接收装置对浅层探测的畸变分析与数值剔除[J].地球物理学进展,2007,22(1):262-267.

[202] 艾灿标.新义煤矿水力压裂试验与效果分析[J].煤矿开采,2010(4):47-48.

[203] 葛俊岭.中硬煤层采煤工作面水力压挤技术应用研究[D].淮南:安徽理工大学,2009.

[204] 李国旗,等.煤层水力压裂合理参数分析与工程实践[J].中国安全科学学报,2010(3):55-58.

[205] 刘军.水力挤出消突措施合理注水压力研究[D].焦作:河南理工大学,2005.